“美丽中国”的范例
浙江的实践与经验研究

傅　歆／著

杭州出版社

本书列入“浙江省2019年主题出版物”出版计划

图书在版编目（CIP）数据

“美丽中国”的范例 : 浙江的实践与经验研究 / 傅歆著. -- 杭州 : 杭州出版社, 2019.12
ISBN 978-7-5565-1187-7

Ⅰ. ①美… Ⅱ. ①傅… Ⅲ. ①生态环境建设－研究－浙江 Ⅳ. ①X321.255

中国版本图书馆CIP数据核字(2019)第264282号

"MEILI ZHONGGUO" DE FANLI
“美丽中国”的范例
ZHEJIANG DE SHIJIAN YU JINGYAN YANJIU
浙江的实践与经验研究
傅 歆／著

策划编辑 杨清华
责任编辑 杨清华
封面设计 王立超
出版发行 杭州出版社（杭州市西湖文化广场32号6楼）
电话：0571-87997719 邮编：310014
网址：www.hzcbs.com
排 版 杭州真凯文化艺术有限公司
印 刷 浙江省邮电印刷股份有限公司
开 本 880mm×1230mm 1/32
字 数 160千
印 张 7.75
版 印 次 2019年12月第1版 2019年12月第1次印刷
标准书号 ISBN 978-7-5565-1187-7
定 价 48.00元

导 言

“美丽中国”是党的十八大提出的执政理念，“美丽浙江”是“美丽中国”在浙江这一省级层面的新目标和新实践，两者是一脉相承的，“美丽中国”“美丽浙江”所具有的内涵、特征和要求是一致的。我们应深刻把握“美丽中国”的重大意义和理论基石，认真总结“美丽浙江”建设的成就和经验，通过对浙江安吉等地 “美丽浙江”实践样本的研究，积极探索，走在前列，为“美丽中国”建设做出新的贡献。

“美丽浙江”是指在习近平新时代中国特色社会主义思想指引下，特别是在生态文明思想和“两山”重要理念指引下，按照“五位一体”总体布局和“四个全面”战略布局，根据“美丽中国”建设总要求，结合浙江实际和生态建设经验，不断推进浙江生态发展的战略目标，是高水平决胜全面建成小康社会、高水平基本实现社会主义现代化大背景下推进浙江生态文明建设的总抓手。

建设“美丽浙江”，打造“美丽中国”浙江样板，是对历届浙江省委提出的建设绿色浙江、生态省、全国生态文明示范区等战略目标的继承和提升。这些年来，浙江省在生态文明建设实践中，始终以“八八战略”为统领，进一步发挥浙江的生态优势，坚定习近平总书记提出的“绿水青山就是金山银山”的发展理念，坚持一任接着一任干、一张蓝图绘到底，把生态文明建设放在突出位置。坚持在保护中发展、在发展中保护，把发展生态经济和改善生态环境作为核心任务，坚持全面统筹、突出重点，把解决影响可持续发展和危害人民群众身体健康的突出环境问题作为着力点，坚持严格监管、优化服务，把保障生态环境安全和维护社会和谐稳定作为基本要求，坚持党政主导、社会参与，把创新体制机制和倡导共建共享作为重要保障，推进浙江省生态文明建设取得重大进展和积极成效，为建设“美丽浙江”奠定了坚实基础。

根据浙江省第十四次党代会精神，在今后几年，浙江省在发展思路上要深入践行“绿水青山就是金山银山”的重要理念，全面推进生态文明建设，走出一条生态发展的新路。具体举措包括：首先，要下大气力改善城乡生态环境。大力开展“811”美丽浙江建设行动，环境整治与美丽建设并重，全方位推进环境综合治理和生态保护。实施“碧水蓝天”工程，以治水、治气为重点的同时，抓好治土、治固废等环境治理工作。围绕“山、水、林、田、湖”，浙江省将健全和完善跨区域生态补偿机制，全面提升森林、河流、湿地、海洋等自然生态系统稳定性和自然服务功能。其次，在未来几年，浙江省将按照把省域建成大景区的理念和目标，高标准建设美丽城市，深化美丽乡村建设，使全省城乡面貌大变样；同时，将实施“大花园”建设行动纲领，积极培育旅游风情小镇，推进万村景区化建设，全面建成“诗画浙江”中国最佳旅游目的地。再次，打好转型升级“组合拳”，深入实施与生态文明建设相关的“五水共治”“四换三名”“四边三化”和“三改一拆”行动，优化存量，提升增量，“腾笼换鸟”，“凤凰涅槃”，推进经济转型升级，加快发展生态经济，形成有利于节约资源、保护环境的现代产业体系，大力推进绿色经济、循环经济、低碳经济，把生态经济培育成为发展的新引擎。

到2020年，初步形成比较完善的生态文明制度体系，以水、大气、土壤和森林绿化美化为主要标志的生态系统初步实现良性循环，全省生态环境面貌出现根本性改观，生态文明建设主要指标和各项工作走在全国前列，争取建成全国生态文明示范区和“美丽中国”先行区，城乡统筹发展指数、城乡居民收入、居民健康指数、生态环境指数、文化发展指数、社会发展指数、社会保障指数、农民权益保障指数等达到预期目标。在此基础上，再经过较长时间努力，实现天蓝、水清、山绿、地净，建成富饶秀美、和谐安康、人文昌盛、宜业宜居的"美丽浙江"。

目 录

第三章 “美丽浙江”的系统分析

第四章 安吉的实践与经验

第五章 开化的实践与经验

第六章 桐庐的实践与经验

第一章

『美丽中国』的提出、内涵与重大意义

“美丽中国”是在中国共产党第十八次全国代表大会上首次提出的概念，是中国特色社会主义事业生态文明建设的重要举措和实践组成部分，是统筹推进“五位一体”总体布局、协调推进“四个全面”战略布局、不断推进生态文明建设国家治理体系和治理能力现代化的表现。“美丽中国”是马克思主义生态文明观在中国的最新实践、最新发展，是习近平新时代中国特色社会主义思想在生态文明建设领域的显著表现。

马克思主义生态文明思想是实践唯物主义的人化自然观，是对资本主义生产方式的生态批判的产物，是为了解决资本主义社会化大生产所带来的生态环境问题而提出的一种科学理论。人与自然和谐发展的前提是承认自然及其规律的“先在性”，相对于人类而言，自然及自然规律是人类无法逾越和违反的。人类的生存与发展必须建立在对自然及其规律的尊重基础上。但是，在自然面前，人类也不是一味被动地适应，人类有能动地改造自然、利用自然的能力和愿望，也有开发自然、保护自然的能力和愿望。人类的生存与发展离不开自然，必须建立在实践的基础之上，建立在历史和现实生存发展的实际上。

习近平新时代中国特色社会主义思想是马克思主义中国化的最新理论成果，是中国共产党不断推进中国特色社会主义事业的行动指南。党的十八大以来，以习近平同志为核心的党中央高瞻远瞩、顺应时代，从理论和实践相结合的角度科学、系统回答了"新时代坚持和发展什么样的中国特色社会主义、怎样坚持和发展中国特色社会主义"这个重大时代课题，将建设富强、民主、文明、和谐、美丽的社会主义现代化强国作为自己的奋斗目标。这一目标的设定包含生态文明和"美丽中国"建设的科学体系，充分彰显了中国共产党的初心和使命，充分表明了以习近平同志为核心的党中央对"美丽中国"建设的重视程度。习近平新时代中国特色社会主义思想为新时代的"美丽中国"建设提供了强大的理论支撑和实践指导，划定了时间表，规划了路线图。实现"两个一百年"奋斗目标和中华民族伟大复兴的"中国梦"是一项光荣艰巨的历史任务，也是中国共产党和全体中华儿女的美好愿望，必须依靠中国共产党的坚强领导、依靠全体中华儿女的不懈奋斗才能实现。

习近平生态文明思想，思想丰富、内涵完整，从新时代改革发展和事关中华民族前途命运及人类生态文明发展的实际角度系统回答了"什么是生态文明、怎样建设生态文明"这个根本问题，是马克思主义生态文明理论中国化的最新成果。这一科学理论体系的基本内涵包括以下八个基本方面：（1）坚持生态文明与人类文明紧密相连的文明观；（2）坚持人与自然和谐共生的人类生存观；（3）坚持绿水青山就是金山银山的改革发展观；（4）坚持创造良好生态环境是最大民生福祉的民生观；（5）坚持山水林田湖草生命共同体的生命观；（6）坚持最严格、最严密的生态保护法律制度的法制观；（7）坚持建设“美丽中国”重在人人参与的生态文明行动观；（8）坚持生态文明建设人类命运共同体的全球生态观。这八个方面相互依存、相互连接、相互作用，共同构成了习近平生态文明思想的丰富内涵。

第一节　“美丽中国”的重大意义

党的十九大报告将生态文明建设与经济建设、政治建设、文化建设、社会建设作为中国特色社会主义事业“五位一体”总体布局的重要组成部分，在统筹推进“五位一体”总体布局全面实施之际，“美丽中国”建设是必然之路、必由之路、必须之路。“美丽中国”建设是全党全国贯彻绿色发展理念的自觉性和主动性的体现，是党对经济社会发展与资源环境关系问题所取得的最新理论成果，是习近平新时代中国特色社会主义思想“八个明确”和“十四个坚持”的一贯体现。其重大意义可以从以下三个层面概括：（1）从理论和认识层面来说，建设“美丽中国”是推进生态文明建设的具体目标，是我们党在长期推进经济社会发展、改善民生与资源环境关系问题上所取得的生态文明建设方面的最新理论成果，是对中国特色社会主义基本国情、基本矛盾、基本国策、基本问题认识的深化和升华，是我们党始终贯彻全心全意为人民服务宗旨的又一次与时俱进和开拓创新。新中国成立以来，中国特色社会主义建设和发展的广度不断拓展，深度不断延伸。改革开放以来，我国的生产力水平显著提高，人民生活持续改善，但资源环境与经济社会发展之间的矛盾日益突出。中国特色社会主义进入新时代以来，人民日益增长的美好生活需要和不平衡不充分发展之间的矛盾在生态和环境领域的体现更加突出，问题更加明显。以习近平同志为核心的党中央从中国特色社会主义进入新时代的重大判断切入，以高度的责任感和深切的使命感，将生态文明建设和“美丽中国”建设提升到“中华民族永续发展的千年大计”的高度，是一次认识的提升、理论的升华、实践的总结。（2）从实践和发展层面上来说，推进生态文明建设，建设“美丽中国”为实现人与自然和谐共生提供了根本遵循和行动指南。中国特色社会主义进入新时代，是贯彻新发展理念的起点和开始，是实现经济高质量发展和深化供给侧结构性改革的开端，经济高质量发展和供给侧结构性改革对于生态要求和环境要求必然是全新的、更高质量的，而长期的改革和发展实践已经给出了破坏自然、对抗规律必然遭受自然和环境的惩罚的启示。因此，加快生态文明体制机制建设、建设“美丽中国”是实现人与自然和谐共生的根本遵循和行动指南，也是不断推进绿色发展、着力解决突出环境问题、加大生态系统保护、改革生态环境监管体制的必然要求。（3）从中国和人类层面来说，推进生态文明建设，建设“美丽中国”既是践行全心全意为人民服务的宗旨，也是我们党为全球和人类生态文明建设所做出的重要承诺和重大贡献。建设“美丽中国”是践行马克思主义生态文明观、社会主义生态文明观的具体体现，也是中国作为负责任大国担当起保护环境，做出中国自己努力的具体展现。人与自然是命运共同体，中国与世界也是命运共同体，中国的发展既造福中国人民，也造福世界。中国的生态环境和文明程度也是世界生态和文明的重要组成部分，“美丽中国”建设既切合中国发展的实际，也把握住了世界绿色发展的趋势，既是维护自身长远发展的必然选择，也是贡献世界的中国智慧。

建设“美丽中国”的重大意义还体现在以下几个具体维度：一是树立和践行绿水青山就是金山银山理念的体现。“两山”理念实现了对以往生态文明理论的继承、发展和超越，实现了对生存与发展这一人类问题的正确解读，实现了有关经济建设和生态文明建设内在的统一，也是就生态文明问题提出的具有时代特征的科学回答，在实践性和理论性方面都具有十分重大的意义。二是坚持节约资源和保护环境基本国策的要求。资源是人类生存发展的基础，但它是有限的，如何合理利用资源、科学开发资源、节约使用资源是人类面对资源问题必须要回答的。对于一个世界上最大的发展中国家来说，发展是第一要务，因此资源的开发与利用就是必须要面对的问题，将资源的节约利用作为基本国策，这是中国改革发展实践经验的总结，也是面对资源紧张和发展瓶颈做出的正确决定。保护环境、保护生态是全球共识，然而保护环境，各国应该根据自己的国情而定，发展中国家的国情就是发展相对落后，却要承担发达国家在数百年发展后所造成的全球性生态环境问题。中国将保护环境作为基本国策，彰显了一个负责任的大国在面对全球生态危机时的担当。三是落实最严格的生态环境保护制度的需要。生态环境保护是一个系统工程，需要将生态保护与生态修复相结合，将优化生态屏障和构建生态走廊及生物多样性保护相结合，需要将“三线控制”工作落实到位，需要建立和完善休养生息的生态保护制度与多元化市场补偿机制。生态保护工作需要监管体制来保障。从国家层面来说，需要设立国家层面的资源资产及自然生态监管机构，需要通过完善管理制度、统一职责、健全惩处机制来建立。四是形成绿色发展方式和生活方式，坚定走生产发展、生活富裕、生态良好的文明发展道路的需要。生产方式转变需要经济发展方式和理念的转变，从求效益向求质量转变，要逐步健全绿色低碳循环经济体系，健全市场导向的绿色技术创新体系，发展绿色金融、壮大节能环保产业和清洁能源产业，推动能源生产和消费的革命。五是提供更多优质生态产品以满足人民日益增长的优美生态环境的需要。发展依靠人民，发展为了人民，发展成果由人民共享，这是发展的基本要义。生态建设不仅要提供优美的生态环境，更要满足人民群众对生态产品和健康生活方式的期待。六是坚持节约优先、保护优先、自然恢复为主的环境方针的要求。“节约＋保护＋恢复”是环境工作的方针和要求，三者相互作用、相互推动、相互补充、相互协调，要建立三者良性互动的格局。七是形成节约资源和环境保护的空间格局、产业结构、生产方式、生活方式，还自然以宁静、和谐、美丽的内在需求。环境保护不是单就保护谈保护，保护要以空间格局为前提，重点区域重点保护，将产业结构、生产方式、生活方式与空间格局有效结合，推动不同空间格局下不同保护方式的制度体系与重点工作的完美对接。

总而言之，“美丽中国”建设是建设富强、民主、文明、和谐、美丽的社会主义现代化强国的必然选择和必由之路；是党的十八大以来，特别是党的十九大以来，以习近平同志为核心的党中央为决胜全面建成小康社会，夺取新时代中国特色社会主义伟大胜利而高举的“生态中国”“美丽中国”的大旗；更是深入贯彻中国共产党人不忘初心、牢记使命的坚定决心的表现。新时代的中国是物质文明、精神文明、生态文明和谐共进的时代，是经济建设、政治建设、文化建设、社会建设、生态文明建设“五位一体”的中国。“美丽中国”建设不仅造福中国人民，也是中国参与全球生态文明建设的举措。中国已成为全球生态文明的重要参与者、贡献者、引领者。

第二节　“美丽中国”的科学内涵

2012年11月8日，胡锦涛同志在中国共产党第十八次全国代表大会报告中指出：“建设生态文明，是关系人民福祉、关乎民族未来的长远大计。面对资源约束趋紧、环境污染严重、生态系统退化的严峻形势，必须树立尊重自然、顺应自然、保护自然的生态文明理念，把生态文明建设放在突出地位，融入经济建设、政治建设、文化建设、社会建设各方面和全过程，努力建设美丽中国，实现中华民族永续发展。”[1]第一次将生态文明建设和“美丽中国”建设写进党代会报告当中，“美丽中国”这一关系人民福祉、关乎民族未来的长远大计首次作为执政理念提出。2017年10月18日，习近平总书记在中国共产党第十九次全国代表大会报告中指出：“坚持人与自然和谐共生。建设生态文明是中华民族永续发展的千年大计。必须树立和践行绿水青山就是金山银山的理念，坚持节约资源和保护环境的基本国策，像对待生命一样对待生态环境，统筹山水林田湖草系统治理，实行最严格的生态环境保护制度，形成绿色发展方式和生活方式，坚定走生产发展、生活富裕、生态良好的文明发展道路，建设美丽中国，为人民创造良好生产生活环境，为全球生态安全作出贡献。”[2]

党的十九大报告在“美丽中国”的建设上融入了新内涵，注入了新动能，拿出了新举措，中国特色社会主义生态文明建设和“美丽中国”建设也迈入了新时代。综合两次报告针对“美丽中国”所做的论述，以及学界关于“美丽中国”的基本概述，我们总结提炼了“美丽中国”的基本内涵，这一内涵是一个多维度、

[1] 胡锦涛：《坚定不移沿着中国特色社会主义道路前进，为全面建成小康社会而奋斗》，《人民日报》2012年11月18日第4版。

[2] 习近平：《决胜全面建成小康社会，夺取新时代中国特色社会主义伟大胜利》，《人民日报》2017年10月28日第3版。

多视角、多方位的综合概括。在我们看来，“美丽中国”与富强、民主、文明、和谐并列，并使其作为我国社会主义现代化建设的奋斗目标，标志着中国共产党站在新时代中国特色社会主义历史起点上，从国家发展战略目标层面开始深入思考并部署建设什么样的“美丽中国”、怎样建设“美丽中国”这个中国特色社会主义的重大发展问题。“美丽中国”的科学内涵应该包括三个方面的深层含义：（1）人与自然和谐共生的和谐之美；（2）物质与精神双重满足的绿色发展之美；（3）“美丽中国”与人类绿色命运共同体的共生之美。

“美丽中国”是一个从生态之美到物质发展之美再到社会和谐之美的集合，体现了自然生态、物质、精神“三位一体”的马克思主义生态文明观，体现了“美丽中国”与美丽世界的人类命运共同体的辩证唯物主义和历史唯物主义的统一。首先，人与自然和谐共生的和谐之美是“美丽中国”的基本特征和基本规律。“美丽中国”是马克思主义生态文明观中国化的深化与发展，是新时代中国对人类社会最新文明及发展形态的基本反映和基本判断。马克思主义生态文明观始终强调人与自然的和谐共生，人类的活动要在遵从自然规律的前提下进行。党的十九大报告指出：“人与自然是生命共同体，人类必须尊重自然、顺应自然、保护自然。人类只有遵循自然规律才能有效防止在开发利用自然上走弯路，人类对大自然的伤害最终会伤及人类自身，这是无法抗拒的规律。”[1]其次，我们还必须认识到中国特色社会主义进入新时代并没有改变我国仍处于并将长期处于社会主义初级阶段的基本国情，我国是世界最大发展中国家的国际地位没有变。而我国社会的主要矛盾已经转化为人民日益增长的美好生活需要和不平衡不充分的发展之间的矛盾。这一基本矛盾事实和发展实际要求我们，“美丽中国”建设必须是物质与精神双重满足的绿色发展之美。众所周知，解决中国的发展问题是解决中国一切矛盾和问题的关键和要务。“美丽中国”为我们坚持绿色发展指明了道路，它作为中国生态文明建设的具体体现，是与经济建设、政治建设、文化建设、社会建设并列的重要环节，更是社会主义现代化建设的基本目标之一。再次，生态文明建设和“美丽中国”建设是关乎中华民族永续发展的千年大计，“美丽中国”建设既是为中国人民创造良好的生产生活环境，也是为全球生态安全贡献中国智慧、提供中国方案、彰显中国担当。这是人类命运共同体理念在绿色发展领域的实践要求，是人类绿色命运共同体的生动诠释。人类绿色命运共同体要构筑尊崇自然、绿色发展的生

[1]　习近平：《决胜全面建成小康社会，夺取新时代中国特色社会主义伟大胜利》，《人民日报》2017年10月28日第4版。

态体系。“美丽中国”建设使中国成为全球生态文明建设的重要参与者、贡献者、引领者。“美丽中国”建设必须有所作为，大有可为，势在必为。

建设“美丽中国”必须树立和践行绿水青山就是金山银山的理念，坚持节约资源和保护环境的基本国策，实行最严格的生态环境保护制度，形成绿色发展方式和生活方式，坚定走生产发展、生活富裕、生态良好的文明发展道路。建设“美丽中国”必须坚持节约优先、保护优先、自然恢复为主的方针，形成节约资源和保护环境的空间格局、产业结构、生产方式、生活方式。“美丽中国”建设就是要建设“五位一体”的社会主义现代化中国，建设“美丽中国”就是要满足人民日益增长的优美生态环境需要。新时代的“美丽中国”建设要在习近平生态文明思想指导下开展。因为习近平生态文明思想包含了全面加强党对生态文明建设和生态环境保护的领导，坚定了党中央领导全党和全国各族人民打赢污染防治攻坚战的必胜信心，包含了从“绿水青山就是金山银山”绿色发展理念到“绿色发展就是最普惠的民生”的实践转变，推动形成人与自然和谐发展的现代化建设新格局。它是习近平新时代中国特色社会主义思想的重要组成部分，对生态文明建设进行了顶层设计和全面部署，为“美丽中国”建设指明了方向，具有重大的指导意义。

第三节　“美丽中国”的理论基石

“美丽中国”既基于马克思主义生态历史观，也蕴含了中国传统文化的思想精华。因此，可以说“美丽中国”既是古代的也是现代的，既是历史的也是发展的，既是唯物的也是辩证的，既是外在的也是内在的。“美丽中国”从理论角度来看，首先是基于马克思主义生态历史观。马克思主义生态历史观把自然纳入历史的怀抱，诉求人类史和自然史的内在统一。这种生态观将“生态中心主义”的自然，与人和自然和谐共生、和谐发展的“自然”进行了区分，使得我们能够跨越“生态中心论”和“现代人类中心论”这两个看似天然的鸿沟，为人类发展与环境问题的解决提供了全新的视角和理论指导。马克思主义生态历史观始终从历史的视域去理解和阐释自然，在破解人与人之间的关系中去解决生态环境问题。通过对资本主义社会的透视与批判，它认为人与自然的关系始终还是人与人关系的延伸，生态危机的根源不是简单的人与自然的开发与被开发、利用与被利用，而是资本主义社会制度背景下人与人的关系危机、地位危机、制度危机。当今的生态问题从根本上来说不是单纯自然本身的问题，而是一个重大的社会历史问题。“马克思主义生态历史观正是站在历史的视野，从自然与历史、环境与人类实践的耦合联动中揭示环境问题的根源和实质；这样，我们必须基于这种特有的生态、历史耦合的视角，扬弃生态中心论和现代人类中心论厘定的标准与模式，从中拯救出真理性的颗粒，构建有中国特色的生态文明理论体系，从而为建设‘美丽中国’的生态文明社会提供科学的方法论指导。”[1]

首先，马克思主义生态历史观彰显人、自然、社会的正向互动与协调发展，夯实了“美丽中国”的生态文明社会的理论基础和实践基础。生态中心主义是脱离人、脱离人与自然和谐共生基础的生态文明“幻想论”，现代人类中心主义是抛弃自然，将人与自然绝对对立的生态文明“隔断论”。马克思主义生态历史观摈弃线性的生态文明论，认为人与自然的共生建立在整体联动与共同发展的基础之上。人的行为不是简单地只是破坏生态、破坏自然，而是在强调尊重自然、尊重规律的前提下，构建人与自然和谐共生的“融生态”。马克思生态历史观是建立在对黑格尔“绝对精神的人化自然观”和费尔巴哈“感性直观的人化自然

[1] 李勇强：《马克思主义生态历史观与“美丽中国”的理论基石》，《重庆邮电大学学报（社会科学版）》2014年第5期。

观”的批判基础上的，是一种“实践的人化自然观”。其本质是在实践的基础上，揭示人与自然的关系，即是说人与自然的关系是在实践基础上的相互联系、相互影响、相互制约的辩证关系。人类实践与自然的“报复”问题，其由来不是人类实践，而是人类实践对于自然及其规律的“僭越”。只要人类尊重自然，是可以有效利用自然来满足自身生存发展需求的，也不会对自然产生真正的破坏，人与自然是可以和谐共生的。

其次，马克思主义生态历史观使得资源共享与分配同环境责任分担治理机制相融合，为构筑“美丽中国”生态文明社会提供了可靠的理论保障与体制建设指导。环境和生态的问题既是现实和当下的问题，也是历史和发展的问题，因此生态文明建设和环境治理必须关注环境问题产生的现实缘由和国际前景。资本主义社会的野蛮发展和破坏性利用使得环境和生态的危机一步步加剧。广大发展中国家既要解决本国人民的生存发展问题，也要关注环境和生态的保护问题，但分担与治理的责任不能全部由广大发展中国家来承担。资本主义生产方式更是导致了生态环境破坏加剧、生态环境日益恶化。在资本主义社会化大生产主导下，人是资本家用于牟利的“资源”，以人的“资源”索取自然资源，获取利润的最大化是资本的本质、资本家的本质。资本主义制度下劳动的异化导致社会的异化，社会的异化导致人与自然关系的异化，从而导致全球生态环境问题日益突出。既然环境问题的产生是由于资本主义制度造成的，那么现有资本主义制度和国家就要对生态环境问题负主要责任。全球治理是需要所有国家共同承担的责任，而以美国为首的资本主义发达国家频繁“退群”是一种不负责任的行为。“美丽中国”建设恰恰就是在以马克思主义生态历史观指导下的中国生态文明建设，它为全球生态治理提供了中国方案。这也从另一个角度证明马克思主义生态历史观给予“美丽中国”建设的重大指导意义。

再次，马克思主义生态历史观充分彰显了生态治理的“和而不同”原则。众所周知，生态危机是全球危机，环境问题也是全球性问题，任何一个国家都不能改变历史与现实、生存与发展相互牵制、相互作用的定律。面对资本主义国家的“生态治理霸权”，马克思主义生态历史观用理论的力量和从历史的维度看待这一问题，生态治理是“众筹”而非“个筹”，是“全球治理”而非“发展中国家治理”。“共同但有区别”的原则是解决全球生态治理的基本准则。生态全球治理的“和”与各国发展不同阶段所呈现的“不同”是必须尊重的原则。

“美丽中国”的理念也蕴含着中国传统文化的光辉思想。中国传统文化中不乏论述人与自然关系的名句，如“天人合一”“道法自然”“天人相应”“万物与我为一”等等。这些思想深刻揭示出中国古代将人类与自然的关系看作是非常重要的一层关系，很多时候更关乎做人的成败。以“天人合一”为例，这不仅是一种思想，而且是一种状态。宇宙自然是大天地，人则是一个小天地。人和自然在本质上是相通的，故一切人事均应顺乎自然规律，达到人与自然的和谐。与“天人合一”相关的思想，其实儒家、道家均有阐述，如汉代董仲舒引申为天人感应之说，宋代程朱理学引申为天理之说，老子的“人法地，地法天，天法道，道法自然”等。“天人合一”既追求人与自然的生态合一，也追求人类自身内心和“外处”的生理合一，既探寻自然世界，也探寻人的心灵世界。这种合一以“气”的相同为落脚点，充分彰显了自然界与人类自身要实现“合一”，必须既关注生态自然的“气温”，也要关注人类自身的“气度”。再以“道法自然”为例，“道”所反映出来的规律是“自然而然”的。“人法地，地法天，天法道，道法自然”，老子用了一气贯通的手法，将天、地、人乃至整个宇宙的生命规律精辟涵盖、阐述出来。“道法自然”揭示了整个宇宙的特性，囊括了天地间所有事物的属性，宇宙天地间万事万物均效法或遵循“道”的“自然而然”规律，充分彰显了人类的一切实践活动均需按照“自然而然”的规律行事。“美丽中国”传承和延续着中国古代关于

"天人关系"这一自然关系的智慧和实践，从"天人合一"的生态世界观，到"厚德载物"的生态伦理观，再到顺应时代的生态实践观，无一例外都是很好的佐证。"天人合一"的生态世界观把天地的自然演化当作一个生生不息的自然过程，而人是自然界生生不息的产物，更是自然界有机整体的一部分，人与万物皆源于天地。儒家讲求"内圣外王"，将人性的完善与万物的繁衍联系起来，并继而发展为人性的完善有利于万物的顺其自然和生生不息。道家则进一步走出人类中心主义的圈子，将"与天为一"思想发扬光大。庄子更是主张"万事万物都是齐一的"，人不能以自己的标准去要求自然界或其他物种。道家主张"道化生元气，元气生万物，万物皆有道"的理念。同时，中国传统文化中还含有朴素的生态实践观的思想，主张"天生万物"，主张人类社会的生产实践要顺应自然规律，人的能力要与自然承载力相适应，主张"备物致用"却不废万物的思想。

"美丽中国"在理念上不仅孕育自中国自古就有的文化传统，更是当下民众的美丽追求。党的十九大报告为"美丽中国"建设规划了时间表和路线图。其中从2020年到本世纪中叶的第一阶段即从2020年到2035年，要实现"生态环境根本好转，美丽中国目标基本实现"；从2035年到本世纪中叶是第二阶段，要实现“把我国建设成为富强民主文明和谐美丽的社会主义现代化强国。到那时，我国物质文明、政治文明、精神文明、社会文明、生态文明将全面提升”，我国人民将享有更加幸福安康的生活。这就是“美丽中国”带给中国人的美好与享受。

第四节 “美丽中国”的战略目标

建设“美丽中国”是在新时代环境背景下和经济社会整体发展水平之上提出的重要战略，是我国推进社会主义现代化强国建设的必由之路。党的十九大为我国新时代生态文明建设绘就了宏伟蓝图，为实现“美丽中国”指明了战略路径。建设“美丽中国”，既是解决我国人民日益增长的美好生活需要和不平衡不充分的发展之间的矛盾的客观需要，也是我国所处的经济社会整体发展阶段工作的直接体现。富强的中国需要美丽，文明的中国需要美丽，和谐的中国需要美丽，美丽的中国更加需要美丽。因此，为实现“两个一百年”奋斗目标和中华民族伟大复兴中国梦，作为中国特色社会主义事业领导核心的中国共产党团结、带领中国人民必须将“美丽中国”建设作为自己的战略目标。这一战略目标能否实现，关乎中国发展的成败，关乎社会主义建设事业的成败，更关乎发展为人民所享的人心。

“美丽中国”建设的战略目标首先应该从时间角度和发展实际角度进行理解，我们以党的十八大胜利召开为起点展开论述，“美丽中国”的概念是在2012年11月8日党的十八大这一重要历史时间节点上被正式提出的。十八大报告中，在对过去五年的工作和十年的基本总结时强调：“生态文明建设扎实展开，资源节约和环境保护全面推进。”[1]这一论述充分彰显了生态文明建设不是一朝一夕的事情，而是持续扎实开展的工作，2012年之前生态文明建设的重点工作就是“资源节约和环境保护”，战略目标就是要实现建设资源节约型社会和环境友好型社会。这一时期的不足也很明显，那就是“发展中不平衡、不协调、不可持续问题依然突出”以及“资源环境约束加剧”。在解决发展的前提下，以科学发展为主题，全面推进经济建设、政治建设、文化建设、社会建设、生态文明建设，实现以人为本、全面协调可持续的科学发展。具体目标就是：（1）主体功能区布局基本形成，资源循环利用体系初步建立；（2）单位国内生产总值能源消耗和二氧化碳排放大幅下降，主要污染物排放总量显著减少；（3）森林覆盖率

[1] 胡锦涛：《坚定不移沿着中国特色社会主义道路前进，为全面建成小康社会而奋斗》，《人民日报》2012年11月18日第4版。

提高，生态系统稳定性增强，人居环境明显改善。实现这些具体目标的具体措施是：（1）优化国土空间开发格局；（2）全面促进资源节约；（3）加大自然生态系统和环境保护力度；（4）加强生态文明制度建设。[1]这些顶层制度安排是实现这一时期生态文明建设和“美丽中国”建设的纲领性、全局性、指导性制度要求，也是保障这一时期“美丽中国”建设的重要路径。

中国共产党第十九次全国代表大会，是在全面建成小康社会决胜阶段、中国特色社会主义进入新时代的关键时期召开的一次十分重要的大会。党的十九大提出了习近平新时代中国特色社会主义思想，并将习近平新时代中国特色社会主义思想确立为党的指导思想。这一思想包含丰富的内涵、科学的真理、实践的智慧。党的十九大报告在描述过去五年的工作和历史性变革时指出：“生态文明建设成效显著。”[2]这充分肯定了过去几年生态文明建设所取得的阶段性成绩。这一显著成效具体体现在以下几个方面：（1）大力度推进生态文明建设，全党全国贯彻绿色发展理念的自觉性和主动性显著增强，忽视生态环境保护的状况明显改变；（2）生态文

[1]　胡锦涛：《坚定不移沿着中国特色社会主义道路前进，为全面建成小康社会而奋斗》，《人民日报》2012年11月18日第4版。

[2]　习近平：《决胜全面建成小康社会，夺取新时代中国特色社会主义伟大胜利》，《人民日报》2017年10月28日第3版。

明制度体系加快形成，主体功能区制度逐步健全，国家公园体制试点积极推进；（3）全面节约资源有效推进，能源资源消耗强度大幅下降；（4）重大生态保护和修复工程进展顺利，森林覆盖率持续提高；（5）生态环境治理明显加强，环境状况得到改善；（6）引导应对气候变化国际合作，成为全球生态文明建设的重要参与者、贡献者、引领者。[1]党的十九大为“美丽中国”建设划定了路线图和时间表，同时注入了新内涵、新战略、新举措。这一时期“美丽中国”建设的总目标是围绕“决胜全面建成小康社会，夺取新时代中国特色社会主义伟大胜利”这个十九大报告主题展开的，是在中国特色社会主义进入新时代，我国社会主要矛盾已经转化为人民日益增长的美好生活需要和不平衡不充分的发展之间的矛盾这一背景下展开的。新时代的中国人民不仅对物质文化生活提出更高要求，而且在生态环境方面的要求也日益增长。“美丽中国”是由新时代中国共产党的历史使命决定的；“美丽中国”建设也是由新发展理念决定的，那就是必须坚定不移贯彻创新、协调、绿色、开放、共享的发展理念；更是由实践总结而来的“绿水青山就是金山银山”的理念所指导的。这一时期的“美丽中国”建设战略目标就

[1] 习近平：《决胜全面建成小康社会，夺取新时代中国特色社会主义伟大胜利》，《人民日报》2017年10月28日第3版。

是建设一个人与自然和谐共生的现代化中国。这一现代化的中国必然蕴含“绿色”“和谐”“美丽”。要实现这一战略目标必须坚持做好推进绿色发展、着力解决突出环境问题、加大生态系统保护力度、改革生态环境监管体制四个方面的具体工作，还要通过我们这代人的尽责担当、一代代中国人的接续奋斗中才能实现。力争达到在2035年生态环境根本好转，“美丽中国”目标基本实现，到本世纪中叶，把我国建设成为富强、民主、文明、和谐、美丽的社会主义现代化强国。

第五节 “美丽浙江”的典型意义

“美丽浙江”建设是“美丽中国”建设的重要组成部分。浙江作为中国革命红船起航地、改革开放先行地、习近平新时代中国特色社会主义思想重要萌发地，在各方面的改革建设事业中均有一些开创性工作和创造性举措，特别是习近平同志在浙江工作期间所确立的“八八战略”，为浙江经济社会发展带来了强大动力，释放了巨大动能。新时代的浙江人正按照习近平总书记对浙江工作“干在实处永无止境，走在前列要谋新篇，勇立潮头方显担当”的新要求奋力前行，始终坚持以稳应变、以进固稳，推动

“八八战略”再深化、改革开放再出发。

“美丽浙江”建设是在“八八战略”和“绿水青山就是金山银山”理念指引下不断推进的。新时代的浙江省委、省政府以及全省人民始终坚持一张蓝图绘到底，推动生态文明建设率先进入快车道，生态省、“美丽浙江”建设等各项工作的协调性、系统性、创新性、示范性更强。要更高质量建设“美丽浙江”必须做好“五个结合”，即坚持集中攻坚与持久建设相结合、坚持点上示范与面上推开相结合、坚持经济生态化与生态经济化相结合、坚持正面激励和反面约束相结合、坚持完善制度与提升技术相结合。具体举措是：（1）高标准打好治水、治土、治气、治废四场硬仗，着力在转变发展方式、调整产业结构、促进绿色消费等方面下功夫，不断提高生态环境质量；（2）深化“千万工程”，打造美丽乡村升级版，加快补齐美丽城镇建设短板，全域建设美丽大花园；（3）大力发展数字经济、循环经济、“无烟工业”，加快淘汰高耗能高污染产业，积极探索生态产品价值实现机制，加快建设绿色产业体系；（4）从制度上规范、技术上促进、利益上引导、宣传上倡导，同时强化监督问责，逐步提升公众生态文明意识；（5）形成共建共治共享的生态治理格局，实现生态治理的数字化、智慧化，大力推进生态治理现代化。这些举措必将使“美丽浙江”建设向着更高质量发展和推进。同时，浙江省委书记车俊在2019年“全省高质量建设美丽浙江暨高水平推进‘五水共治’大会”上强调：必须保持战略定力，强化使命担当，才能奋力开辟“美丽浙江”建设新境界。2019年要重点做好以下工作：（1）高质量编制“美丽浙江”建设规划纲要；（2）高要求做好中央环保督察整改和新一轮迎检工作；（3）高规格办好联合国世界环境日主场活动和中国环境与发展国际合作委员会2019年年会这两大国际活动；（4）高标准打好污染防治攻坚战，用好科技信息手段，解决好建筑垃圾、生活垃圾处置监管等难点问题，持续推进“五水共治”，坚决防止污水反弹；（5）高水平推进生态领域“最多跑一次”改革，全面实施“区域环评＋环境标准”改革，以“三服务”活动为载体，加强对企业的技术帮扶，让企业有实实在在的获得感。

“美丽浙江”建设具有典型意义，对于“美丽中国”建设也有重要意义，主要表现在以下几个方面：（1）“美丽浙江”建设是建设“美丽中国”在浙江的具体实践，是浙江始终坚持以“八八战略”为统领，进一步发挥浙江的生态优势，坚定“绿水青山就是金山银山”发展理念的战略选择。（2）“美丽浙江”建设是尽快改善浙江生态环境，不断满足浙江人民对美好生活新期待的重大举措，是加快浙江转变生产生活方式，实现更高水平发展的必由之路，也是提升浙江全面建成小康社会水平，建设“两富两美”浙江的重要内容。（3）“美丽浙江”建设是全面贯彻习近平新时代中国特色社会主义思想和生态文明思想的实践举措和典型样本，为“美丽中国”建设提供了浙江实践和浙江样本。如“千万工程”“五水共治”“三改一拆”等举措为“美丽中国”建设提供了借鉴。（4）“美丽浙江”建设是中国共产党“不忘初心，牢记使命”在生态环境领域中的鲜活体现，是担负起人民群众对美好生活的迫切向往，解决好人民最关心最直接最现实的利益问题，实实在在地提升人民群众获得感的切实表现。

总而言之，2019年是新中国成立70周年，也是浙江省高水平全面建成小康社会的关键之年。生态文明建设只能加强，不能放松。浙江作为习近平新时代中国特色社会主义思想和生态文明思想的重要萌发地，更要进一步提高站位、拉高标杆，咬紧目标不懈怠，鼓足干劲抓落实，力促生态文明建设各项工作向纵深推进。为让生活于浙江的子孙后代能遥望星空、看见青山、闻到花香，这一代浙江人建设好“美丽浙江”责无旁贷。唯有坚定不移地走这条以人为核心、人与自然和谐共生的美丽之路，我们浙江人方能不负时代、不负人民、不负重托。

第二章

『美丽浙江』——美丽中国先行区

党的十九大报告指出："坚定走生产发展、生活富裕、生态良好的文明发展道路，建设美丽中国"。浙江省第十四次党代会报告提出"在提升生态环境质量上更进一步、更快一步，努力建设美丽浙江"，并作为深入实施"八八战略"，高水平谱写实现"两个一百年"奋斗目标的浙江篇章的重要目标任务。省委十四届二次全会进一步明确："到2035年，在高水平全面建成小康社会的基础上……再奋斗15年，大幅提升生态环境质量，全面建成美丽浙江。"建设"美丽浙江"，要深入践行"绿水青山就是金山银山"的重要理念，正确处理生态文明建设与经济转型升级之间的辩证关系，以"两山"理念为指导，以绿色发展为理念先导、政策指引、行动自觉和文化自觉，深入贯彻落实党的十九大、省第十四次党代会及省委十四届二次全会精神，以更深刻的认识、更严格的标准、更有力的举措，确保更进一步、更快一步谱写好建设"美丽浙江"的新篇章，努力把浙江建设成为"美丽中国"先行区。

第一节　"美丽浙江"的提出

浙江历任领导十分注重生态环境建设。2002年，浙江省第十一次党代会报告中首先提出“绿色浙江”概念。2003年，时任中共浙江省委书记的习近平同志在省委十一届四次全会上所作的报告中将“进一步发挥浙江的生态优势，创建生态省，打造‘绿色浙江’”作为其主政浙江时期的主要战略思想——“八八战略”的重要内容之一。

其后，在创建生态省的基础上，省委十二届七次全会通过的《中共浙江省委关于推进生态文明建设的决定》进一步提出了“生态浙江”的概念。该决定指出：“坚持以邓小平理论和‘三个代表’重要思想为指导，深入贯彻落实科学发展观，全面实施‘八八战略’和‘创业富民、创新强省’总战略，坚持生态省建设方略、走生态立省之路，大力发展生态经济，不断优化生态环境，注重建设生态文化，着力完善体制机制，加快形成节约能源资源和保护生态环境的产业结构、增长方式和消费模式，打造“富饶秀美、和谐安康”的生态浙江，努力实现经济社会可持续发展，不断提高浙江人民的生活品质。”

在党的十八大报告明确提出的以“美丽中国”为目标的生态文明建设思路指引下，浙江的生态文明建设一直走在全国前列。2013年年初，习近平总书记在与时任中共杭州市委书记黄坤明谈话时指出：“希望你们更加扎实地推进生态文明建设，努力使杭州成为美丽中国建设的样本。”[1]在此基础上，作为习近平总书记曾经主政过的地方，浙江省理当成为“美丽中国”建设的先行区。因此，2014年召开的省委十三届五次全会专题研究生态文明建设，并做出了《中共浙江省委关于建设美丽浙江创造美好生活的决定》。该决定指出：“党的十八大把生态文明建设纳入中国特色社会主义事业总体布局，提出努力建设美丽中国，走向社会主义生态文明新时代，实现中华民族永续发展。党的十八届三中全会把加快生态文明制度建设作为全面深化改革的重要内容，提出必须建立系统完整的生态文明制度体系，用制度保护生态环境。习近平总书记强调，走向生态文明新时代，建设美丽中国，是实现中华民族伟大复兴的中国梦的重要内容。他还提出，‘山水林田湖是一个生命共同体’‘绿水青山就是金山银山’‘人民对美好生活的向往，就是我们的奋斗目标’等一系列新思想新观点新要求。这标志着我们党对中国特色社会主义规律的认识进一步深化，表明了我们党坚持‘五位一体’总体布局、加强生态文明建设的坚定意志和坚强决心。”该决定进一步指出：“建设美丽浙江、创造

[1] 中共杭州市委理论学习中心组：《只有干在实处，才能走在前列——学习习近平总书记系列重要讲话的认识和体会》，《浙江日报》2014年4月28日第14版。

美好生活，是建设美丽中国在浙江的具体实践，也是对历届省委提出的建设绿色浙江、生态省、全国生态文明示范区等战略目标的继承和提升。这些年来，我省在生态文明建设实践中，始终以‘八八战略’为统领，进一步发挥浙江的生态优势，坚定‘绿水青山就是金山银山’的发展思路，坚持一任接着一任干、一张蓝图绘到底，把生态文明建设放在突出位置；坚持在保护中发展、在发展中保护，把发展生态经济和改善生态环境作为核心任务；坚持全面统筹、突出重点，把解决影响可持续发展和危害人民群众身体健康的突出环境问题作为着力点；坚持严格监管、优化服务，把保障生态环境安全和维护社会和谐稳定作为基本要求；坚持党政主导、社会参与，把创新体制机制和倡导共建共享作为重要保障，推进我省生态文明建设取得重大进展和积极成效，为建设美丽浙江、创造美好生活奠定了坚实基础。”

2016年6月，浙江省委、省政府全面部署“811”美丽浙江建设行动。在省委、省政府的统一部署下，浙江省大力开展生态文明建设，全省环境质量稳中向好，生态环境状况指数持续位居全国前列，为建设“美丽浙江”、创造美好生活奠定了坚实基础。2017年6月，省第十四次党代会强调要“坚定不移沿着‘八八战略’指引的路子走下去”这条主线，明确提出“在提升生态环境质量上更进一步、更快一步，努力建设‘美丽浙江’”的目标。省委十四届二次全会进一步提出，要“开辟绿水青山就是金山银山的新境界”。2017年10月，党的十九大把“坚持人与自然和谐共生”作为新时代坚持和发展中国特色社会主义的十四条基本方略之一，指出：“建设生态文明是中华民族永续发展的千年大计。必须树立和践行绿水青山就是金山银山的理念，坚持节约资源和保护环境的基本国策，像对待生命一样对待生态环境，统筹山水林田湖草系统治理，实行最严格的生态环境保护制度，形成绿色发展方式和生活方式，坚定走生产发展、生活富裕、生态良好的文明发展道路，建设美丽中国，为人民创造良好生产生活环境，为全球生态安全作出贡献。”

未来一段时期，是浙江省高水平全面建成小康社会的决战期，“美丽浙江”建设的关键期，也是实现生态环境质量全面改善的转折期。“一带一路”和长江经济带建设在浙江省交汇，无论是“一带一路”还是长江经济带建设，生态优先、绿色发展的理念都贯彻始终，“共抓大保护，不搞大开发”的总体战略为浙江省生态文明建设提供了可贵的历史契机。然而，目前浙江省仍然面临诸多深层次的矛盾和挑战，发展中的一些结构性、素质性矛盾尚未得到根本解决，虽然环境质量持续改善但还有不平衡不充分的领域和环节，优质生态产品供给不足、长效治理机制不完善仍是突出短板，打造与“两个高水平”相适应的生态环境任重道远。面对充满重大机遇和诸多挑战的转折时期，我们必须准确把握生态文明建设新要求，“撸起袖子加油干”，努力谱写生态文明建设的新篇章。

第二节 “美丽浙江”的实践

2003年6月，在时任中共浙江省委书记习近平同志的倡导和主持下，以农村生产、生活、生态的“三生”环境改善为重点，浙江在全省启动“千村示范、万村整治”工程（简称“千万工程”），开启了以改善农村生态环境、提高农民生活质量为核心的村庄整治建设大行动。习近平同志亲自部署，目标是花5年时间，从全省4万个村庄中选择1万个左右的行政村进行全面整治，把其中1000个左右的中心村建成全面小康示范村。十几年来，浙江省久久为功，扎实推进“千村示范、万村整治”工程，造就了万千美丽乡村，取得了显著成效，带动全省乡村整体人居环境领先于全国。2019年3月，中共中央办公厅、国务院办公厅转发了《中央农办、农业农村部、国家发展改革委关于深入学习浙江“千村示范、万村整治”工程经验，扎实推进农村人居环境整治工作的报告》，并发出通知，要求各地区各部门结合实际认真贯彻落实。2018年11月9日，浙江省召开全省深化“千万工程”、建设“美丽浙江”推进大会，提出在新起点上，全力打造“千万工程”升级版，就是要坚定不移建设“美丽浙江”，加快把全省建成大花园。“千村示范、万村整治”工程，就是“绿水青山就是金山银山”理念在浙江基层农村的成功实践，就是“美丽中国”建设目标在地方实践的成功范例。

近些年来，浙江省委、省政府坚持生态立省方略，深入推进“两美浙江”“五水共治”“三改一拆”“四边三化”等建设，顺利完成“811”生态文明建设推进行动，全面部署实施“811”美丽浙江建设行动，生态经济、生态环境、生态文化、生态制度等各项工作顺利推进。

一、生态经济蓬勃发展

深入实施主体功能区战略，编制国家重点生态功能区产业准入负面清单。完成全省资源环境承载能力监测预警报告，初步搭建全省环境资源承载能力监测预警平台。大力实施绿色经济培育行动，着力推进互联网+战略性新兴产业发展，全年服务业增加值位居全国第四。从严控制“两高”和产能过剩行业扩大产能项目，积极化解过剩产能，2013年至2018年整治“脏乱差”“低小散”问题企业（作坊）4万余家。

加快推进循环经济发展。大力推进园区循环化改造，台州化学原料药产业园区循环化改造试点通过国家验收，杭州湾上虞经济技术开发区、杭州余杭经济技术开发区列入第七批国家级园区循环化改造试点重点支持园区，2017年新增8个省级循环化改造试点园区。

深化节能环保工作。推进节能环保重点工程、项目和特色小镇建设，实施资源综合利用、海水淡化等系列重大工程。稳步推进温室气体排放控制，开展省市县三级温室气体清单编制，建成全国唯一的省市县三级清单平台。丽水市成功列入全国首批气候适应型城市建设试点。启动第二批省级低碳试点工作。扎实推进国家清洁能源示范省创建，制定省级清洁能源示范县（镇）建设标准，深化清洁能源示范县（镇）创建。

二、生态环境持续改善

水污染防治工作取得突破性进展。2013年以来，浙江省把治水摆到更加突出的位置上，全面部署开展“五水共治”行动，并把治污水作为重中之重。全面实施“清三河”行动，建立“清三河”防反弹复查机制，全省河道感官污染基本消除；全力推进劣Ⅴ类水剿灭行动，列入整治计划的58个县控以上劣Ⅴ类断面和16455个劣Ⅴ类小微水体全部完成销号，全省消除劣Ⅴ类断面，基本消除劣Ⅴ类小微水体，提前三年完成国家“水十条”下达的“消劣”任务。全面推进铅蓄电池、电镀、印染、造纸、制革、化工等六大重污染行业的提升整治，积极开展地方特色行业整治，到2018年，累计关停重污染行业和地方特色行业企业3万多家，整治提升9000多家。强化畜禽养殖污染治理，全省89个县（市、区）制定养殖废弃物资源化利用“一县一案”和“一场一策”，加快推进存栏1000头以上养猪场的生态化改造工作。与此同时，饮用水水源安全得到有效保障，重点流域和近岸海域污染防治全面推进，城乡污水处理设施建设不断加强，水环境质量大幅改善。2017年，省控断面Ⅰ～Ⅲ类水质占82.4%，较2013年上升18.6个百分点；无劣Ⅴ类水质断面，较2013年减少12.2个百分点。县以上城市集中式饮用水水源个数达标率为93.4%，比2016年上升2.3个百分点；水量达标率为96.4%，比2016年上升3.4个百分点。

大气污染防治工作取得积极成效。推动能源结构调整，县以上城市实现高污染燃料禁燃区全覆盖，全省大型煤电机组全部完成超低排放改造；推动钢铁、水泥、玻璃等重点行业清洁排放改造项目，完成石化、化工、印染、涂装、印刷等重点行业VOCs（挥发性有机物）治理项目800余个。强化机动车船污染治理，提前一年多完成国家下达的黄标车淘汰任务，加强车用油品质量监管，严格机动车准入标准；加快推进港口和船舶岸电建设，实施宁波–舟山港、温州港绿色港口示范工程，推广使用低硫油和岸电。推进城乡烟尘废气治理，严格落实“7个100%”扬尘防控长效机制；强化餐饮油烟排放管理，建立健全餐饮油烟净化设施定期清洗和长效监管制度；严控秸秆露天焚烧，全省秸秆综合利用率达93%。在全国率先开展“清新空气”（负氧离子）监测发布体系建设，累计建成投用清新空气监测站点143个。2017年，设区城市日空气质量优良天数比例为82.7%，较2013年上升14.3个百分点；$PM_{2.5}$平均浓度39 $\mu g/m^3$，较2013年下降36.1%。

持续推进土壤和固废污染防治。出台浙江省“土十条”及目标责任考核办法，编制污染地块治理修复评估标准和开发利用管理办法；加快推进土壤污染状况详查，在全国率先启动并完成土壤农产品协同样品采集和制备；完成污染地块治理修复项目17

个。开展长江经济带固体废物大排查和“清废净土”专项执法。加快处置能力建设，形成焚烧、填埋、水泥窑协同处置等多种方式并举的综合处置体系。大力推进信息化监控，省控重点产废单位和经营单位联网监控率达到“两个100%”。统筹推进重金属污染减排、化学品管理、废弃电器电子产品拆解处理、农田测土配方施肥、规模化畜禽养殖场排泄物综合利用等工作，2017年全省五类重金属污染物排放量较2013年削减10.6%。

三、生态保护全面加强

严格生态空间管控。贯彻落实《浙江省主体功能区规划》。出台《关于全面落实划定并严守生态保护红线的实施意见》，划定生态保护红线面积3.9万平方公里，其中陆域生态保护红线2.5万平方公里，海洋生态保护红线1.4万平方公里，占全省陆域国土和管辖海域面积的26%。深入实施《浙江省环境功能区划》以及各市县环境功能区划，实行分区差别化管理政策和负面清单制度。积极开展空间规划试点，指导8个先行市县开展空间规划编制工作。

全方位构筑生态屏障。开展钱江源国家公园体制改革试点和自然保护区规范化建设，基本完成自然保护区界线矢量化，有序推进森林公园、风景名胜区、湿地公园、饮用水水源保护地、地质公园等保护地建设。持续开展"绿色屏障"建设，省委、省政府连续8年召开全省平原绿化工作座谈会，开展"新植1亿株珍贵树五年行动计划"，省森林城市实现县级全覆盖，省级以上公益林最低补偿标准提高到31元/（亩·年）。加强湿地和森林资源保护，印发实施《关于加强湿地保护修复工作的实施意见》，对26个县和11个设区市开展森林资源考核评价，编制两级森林资源资产负债表。省政府先后公布两批浙江省重要湿地名录，建成一批国家级、省级森林公园。森林火灾和病虫害防控得到加强，森林覆盖率达61%。出台《浙江省海洋生态建设示范区创建实施方案》，实施海洋生态建设示范区创建。开展蓝色海湾、生态岛礁整治修复项目。加大海洋环保执法检查力度，严厉查处各类海洋环境违法行为。

四、生态制度不断健全

组织推进机制和考核评价机制不断完善。浙江省生态省建设工作领导小组调整为浙江省美丽浙江建设领导小组，部门组成不断充实。深入实施《浙江省生态文明体制改革总体方案》，建立全省生态文明绩效评价考核制度，形成以省市县生态省考核为主轴，污染减排、河长制和跨行政区域河流交接断面水质、大气治理考核为重点的生态环保目标责任体系。突出加强“五水共治”工作考核，专设治水优秀市县“大禹鼎”。探索建立与主体功能定位相适应的党政领导班子综合考评机制，对丽水、衢州2个设区市和淳安等26个相对欠发达县（市、区）不再考核GDP。在修订完善领导干部考核评价“一个意见、五个办法”中，强化生态文明建设的刚性要求。实施《浙江省党政领导干部生态环境损害责任追究实施细则（试行）》。

环境监管制度改革成效明显。出台《浙江省河长制规定》，建成覆盖省市县乡村的河长制信息平台。建立省级环保督察体系，完成对衢州、丽水的督察。环保监测监察执法垂直管理改革试点有序推进。推行生态环境状况报告制度，延伸至乡镇（街道）一级。新型环境准入制度改革深入推进，构建了空间、总量、项目“三位一体”的环境准入体系。深入推进环评审批制度改革，把97.5%的环评审批权限下放至市县，在省级特色小镇、省级以上开发区（产业集聚区）全面推行“区域环评+环境标准”改革。健全完善执法监管体系，推行环境网格化监管，实施环境行政执法与司法监督、舆论监督、公众监督相结合的执法监管制度改革。健全环境执法与司法联动体系，实现省级层面公检法机关驻环保联络机构全覆盖。

资源要素市场化配置改革持续深化。水资源配置方面，调整了水资源费征收标准，开展水权确权登记试点。林权制度改革方面，完善林地经营权流转证管理制度，2017年，在临安等24个区县开展集体林权制度改革试点。土地节约集约利用方面，实行“三改一拆”拆后土地利用精细化管理，深化土地要素市场化配置改革。环境容量资源配置方面，深化排污权有偿使用和交易制度，浙江省排污权有偿使用和交易金额占全国10个试点省份总额的2/3。能源要素市场化配置方面，在全国率先开展用能权有偿使用和交易试点。资源环境价格形成机制方面，实施燃煤机组超低排放电价补偿政策，实行八大高耗能行业差别电价政策。推进非居民用水超计划累进加价和差别化水价政策。

积极探索生态环境经济政策。率先建立主要污染物排放省对县（市、区）财政收费制度、生态功能区县市环境年金制度。出台《关于建立健全绿色发展财政奖补机制的若干意见》，重点是完善主要污染物排放财政收费制度，实施单位生产总值能耗、出境水水质、森林质量财政奖惩制度，实行与“绿色指数”挂钩分配的生态环保财力转移支付制度，实施“两山”建设财政专项激励政策，并探索建立省内流域上下游横向生态保护补偿机制。推动生态环境损害赔偿制度改革，建立健全环境信用评价制度。完善绿色经济政策，建立健全绿色信贷、绿色证券、绿色债券、绿色采购等制度，推行重点污染行业和企业强制性环境污染责任保险制度。

五、生态文化日益丰富

生态文明宣传教育成效明显。加强生态环保的媒体报道和新闻传播，利用“世界环境日（6月5日）”“浙江生态日（6月30日）”等纪念日广泛开展群众性环保宣传活动。把生态文明建设列入各级党校领导干部教育培训和市县领导班子主题实践活动的重要内容中。深化与环保民间组织、志愿者及公众的交流、合作和互动，深入社区、家庭、学校开展节能减排、绿色环保理念和知识宣传。“浙江环保”官方微博、微信影响力位居全国环保类微博、微信排行榜前列。

生态文化培育推进顺利。积极创设生态文化载体，加强国家和省级历史文化名城，省级历史文化街区、村镇保护利用，推进省级以上文物保护单位及大遗址的环境整治。加强生态文化研究，以文化生态区（试点）工作为重点，推进非物质文化遗产整体性保护。充分发挥博物馆、展览馆、陈列馆以及各艺术团体等作用，举办了一批生态精品展陈，创作了一批优秀生态剧目。省级主要媒体开设了《剿劣督导进行时》《坚决打赢剿灭劣V类水攻坚战》等专栏专版。

生态文明系列创建蓬勃发展。深入推进生态市县、环保模范城市和绿色细胞创建等三大系列创建活动。深入开展生态示范创建。印发生态文明示范创建行动计划，印发绿色发展指标体系和生态文明建设考核目标体系。2017年底累计建成国家生态文明建设示范市县5个、国家“两山”实践创新基地3个、国家生态市2个、国家生态县39个、国家级生态乡镇691个以及一大批国家和省级绿色“细胞”，数量居全国前列。持续推进世界环境日和浙江生态日主题活动，连续开展生态环境质量公众满意度调查，公众对生态环境质量的满意度逐年上升。

第三节　“美丽浙江”的经验

从生态环境建设到绿色浙江建设，从绿色浙江建设到生态省建设，从生态省建设到生态浙江建设，从生态浙江建设到“美丽浙江”建设，浙江走出了一条生态文明建设的新路，形成了独特的“浙江经验”，获得了巨大的成功。总结“美丽浙江”的经验，我们深刻体会到建设“美丽浙江”就是创新、协调、绿色、开放、共享五大发展理念在浙江的生动实践。

一、坚持“两山”重要理念指导性

习近平总书记提出的“绿水青山就是金山银山”的重要理念，明确指出了生态文明建设和经济发展之间的辩证关系。深入学习和理解这一重要理念的内涵和时代特征，充分发挥“两山”重要理念对建设“美丽浙江”，全面建成小康社会的重要指导作用，将理论用于指导实践，牢牢与实践相结合是浙江在生态文明建设方面取得突出成果，有效推进“美丽浙江”建设的重要经验。浙江是习近平总书记“绿水青山就是金山银山”科学论断的发源地。在生态文明建设推进过程中我们始终坚持“绿水青山就是金山银山”的发展理念。自2002年起，在探索浙江生态文明建设的道路上，浙江省委先后提出了建设绿色浙江、建设生态省、建设全国生态文明示范区的战略目标。2012年6月，浙江省第十三次党代会提出“坚持生态立省方略，加快建设生态浙江”，把生态文明建设摆到更加突出的位置上。2014 年5月，省委做出关于“建设美丽浙江、创造美好生活”的决定；6月，省委、省政府出台“811”美丽浙江建设行动方案，对“美丽中国”在浙江的实践作出全面部署，使生态文明建设和人民群众对美好生活的向往紧密结合起来。2016年，浙江省成为全国部省共建“美丽中国”示范区的试点地区。2017年，省第十四次党代会又提出“在提升生态环境质量上更进一步、更快一步，努力建设美丽浙江”。这一系列决策部署，充分体现了历届党委政府对“绿水青山就是金山银山”理念的坚守和实践，体现了“一届接着一届干，一张蓝图绘到底”，也体现了浙江在“美丽中国”建设实践中“干在实处、走在前列、勇立潮头”的历史使命和追求。

二、坚持“拆治归”转型升级组合拳

“美丽浙江”建设工作量大面广，浙江省始终坚持问题导向、需求导向、效果导向。既立足当前，着力解决对经济社会可持续发展制约性强、群众反映强烈的突出问题，打好生态文明建设攻坚战；又着眼长远，加强顶层设计与鼓励基层探索相结合，持之以恒全面推进生态文明建设。围绕省委、省政府关于生态文明建设的决策部署，浙江省连续开展了“811”环境污染整治行动、“811”环境保护新三年行动、“811”生态文明建设推进行动、“811”美丽浙江建设行动。省第十三次党代会以来，打出了“三改一拆”“五水共治”“浙商回归”等系列组合拳：以

“三改一拆”改变城乡环境，拆出发展空间；以“五水共治”修复山河本色，治出转型实效；以“浙商回归”引入优质项目，纳入发展活水。尤其是省委、省政府提出以治水为突破口倒逼转型升级的思路，从2014年起全面铺开了治污水、防洪水、排涝水、保供水、抓节水“五水共治”工作，确定了“五水共治、治污先行”的路线图，把治污水作为“五水共治”的大拇指，抓好“清三河”“两覆盖”“两转型”，全省上下形成了依法治水、科学治水、铁腕治水、全民治水的强劲声势。通过治水，不仅改善了城乡环境面貌，还有效实现了扩投资促转型，提升了绿水青山的红利溢出效应，促进形成社会文明新风尚，带动全省生态文明建设工作往前迈进了一大步。

三、坚持体制机制创新原动力

加强生态文明制度设计，坚持体制机制改革和创新。浙江在许多制度创新方面走在了全国前面：浙江省是最早实施生态补偿的省份、最早实施排污权有偿使用的省份、最早开展水权交易的省份。此外，浙江新型环境准入制度，有效发挥环境保护参与宏观调控的先导功能和倒逼作用；生态文明建设考核评价制度，把环境保护作为约束性指标纳入考核体系，改变了长期以来GDP至上的政绩观；建立公众参与机制，有效引导公众积极参与生态文明建设，确保生态文明观念深入人心。

浙江省一直致力以体制机制改革和政策制度创新为生态文明治理体系和治理能力现代化提供原动力。具体而言：体制机制方面，成立党政领导一把手为组长的“五水共治”工作领导小组，从相关部门抽调人员，成立治水办实体化运作，将河长制等治水经验在全国推广；强化责任担当，落实党委政府、相关职能部门和生产经营者生态环境保护责任，严格执行环境损害问责制度，建立领导干部生态环境保护责任终身追究制度，层层传导生态环境保护工作压力。制度创新方面，创新环境治理制度，“五水共治”“三改一拆”长效机制进一步健全，河长制、环保督查、责任追究等制度全面实施；创新生态建设制度，公益林补贴、自然资源资产保护、水源地保护等制度进一步健全；创新生态补偿制度，排污权有偿使用和交易、生态环境财政奖惩制度、能源资源要素市场化配置等制度全面实施；创新考核评价制度，探索建立绿色GDP考核体系，对淳安等26个欠发达县（市、区）和2个设区市不再考核GDP及相关指标。

四、坚持生态经济培育新引擎

积极淘汰落后产能。为指导落后产能淘汰工作，浙江省出台了明确的规划和淘汰落后产能目录，包括《浙江省淘汰落后产能规划（2013—2017年）》《浙江省淘汰落后产能指导目录（2012年本）》等。同时，组建专门的领导小组及其办公室，建立一系列体制机制。加强部门间的协作，通过多部门的联合推动，促进落后产能淘汰任务的分解落实。综合运用法律、经济、技术和必要的行政手段，严格执法，确保落后产能被淘汰。

大力发展生态型工业，把工业园区的生态化改造作为转型升级的重点内容来抓。2006年12月，浙江省发改委和浙江省环保局印发了《关于进一步推进浙江省开发区（工业园区）生态化建设与改造的指导意见》。生态工业示范园区、企业清洁生产示范工程，以及风力发电等可再生能源、高效节能技术示范工程等重点项目的建设取得阶段性成果。

积极发展生态循环农业，深入开展现代林业园区建设，以现代渔业园区、养鱼稳粮增收工程建设为抓手，全面推行水产健康养殖。发展生态型服务业，扎实推进生态旅游区建设、A级旅游景区生态化管理及周边环境整治，进一步规范农家乐基础设施和环境监管。

五、坚持城乡统筹发展均衡化

优化完善城乡区域空间布局。按照人口、经济、资源环境承载力相协调和主体功能区定位的要求，创新编制方法，多规融合、一体发展，形成定位清晰、管控严格的空间规划体系。优化城乡居住环境，深化“千村示范、万村整治”工程，进一步推进美丽乡村建设，逐渐形成美丽乡村升级版；推进以生态文明城市、低碳城市、生态市创建等为载体的生态城市，以及基于绿色城镇建设的特色小镇建设，确立了城乡统筹的生态文明建设格局，形成了生态城市、绿色城镇、美丽乡村的差异化发展局面。

坚持城乡统筹、城乡均衡、城乡共享的理念，不断加大投入，加快推进环境基础设施、环境公共产品向农村覆盖，整体改善城乡环境面貌，营造优美人居环境。在城镇区域，加快推进城镇污水处理设施建设、改造及管网建设，城市污水处理率和污水处理厂运行负荷率、达标率不断提高。2017年数据，全省共建成城镇污水处理厂296座，配套管网4.1万公里，所有城镇污水处理厂达到一级A排放标准，县以上城市污水处理率达93.3%。建成城镇生活垃圾末端处理设施110座，日处理能力达5.9万吨，城镇生活垃圾无害化处理率达99.3%。在农村区域，全面实施“千村示范、万村整治”工程，开展美丽乡村建设，以治理农村生活污水、垃圾为重点，加强农村环境综合整治效果。基本实现农村生活污水治理行政村全覆盖，农户收益率74%；农村生活垃圾集中收集实现全覆盖。启动小城镇环境综合整治行动和新一轮美丽乡村升级版打造，同步提升绿色城镇、美丽乡村建设水平。

六、坚持共建共享政府引领力

积极挖掘传统文化中的生态思想，培育和激发全体公民建设“美丽浙江”、创造美好生活的主体意识，大力弘扬尊重自然、顺应自然、保护自然的理念，积极借鉴发达国家注重生态文明的先进理念、有效做法和具体制度，强化全社会的生态伦理、生态道德、生态价值意识，形成政府、企业、公众互动的社会行动体系。

充分发挥政府在规划引导、完善立法、财政投入、示范引领等方面的带动作用，加强组织领导和顶层设计。全省上下基本建立了党委领导、政府负责、部门协同、社会参与的组织推进体系。发动和鼓励全社会力量广泛参与，强化市场在资源配置中的决定性作用，充分调动市场主体参与生态文明建设的积极性。推进环境信息公开，进一步完善环境信访工作，依法体现对政府的监督、对企业的约束和对公众权益的维护；建立了省、市、县、乡和重点村五级环境信访信息搜集与报知网络体系，推进农村环境监督员等四大队伍建设，成立了浙江省环保联合会，建立政府部门与民间组织的互动协作关系；推进建立环境舆情的搜索、监控、调处和回应制度，搭建媒体互动交流平台，特别是浙江卫视《今日聚焦》栏目的推出，有力地发挥了舆论监督的作用。

第三章

『美丽浙江』的系统分析

党的十八大把生态文明建设纳入中国特色社会主义事业总体布局，提出努力建设“美丽中国”，走向社会主义生态文明新时代。党的十八届三中全会把加快生态文明制度建设作为全面深化改革的重要内容，提出必须建立系统完整的生态文明制度体系，用制度保护生态环境。早在2005年，习近平同志在主政浙江期间提出了“绿水青山就是金山银山”的理念。在党的十九大报告中，他再次指出，坚持人与自然和谐共生，必须树立和践行“绿水青山就是金山银山”的理念。习近平总书记强调：“走向生态文明新时代，建设美丽中国，是实现中华民族伟大复兴的中国梦的重要内容。”[1]建设“美丽浙江”、创造美好生活，是“美丽中国”建设在浙江的具体实践，也是浙江对建设绿色浙江、生态省、全国生态文明示范区等战略目标的继承和提升。

第一节 “美丽浙江”的现实基础

浙江，“七山一水二分田”，绿水青山是大自然对浙江的珍贵赐予，是浙江得天独厚的资源禀赋。十多年来，浙江坚持“绿

[1] 习近平：《致生态文明贵阳国际论坛2013年年会的贺信》，引自《习近平向生态文明贵阳国际论坛2013年年会致贺信强调：携手共建生态良好的地球美好家园》，《人民日报》2013年7月21日第1版。

水青山就是金山银山”的发展理念，历届省委一任接着一任抓，从创建生态省、打造绿色浙江到建设生态浙江、“美丽浙江”，走出了一条可持续发展之路。生态经济方兴未艾，生态环境稳中向好，生态家园和谐共建，生态文化欣欣向荣，人与自然和谐相处……一幅秀美的生态文明长卷正在浙江大地上徐徐展开。

一、生态建设“薪火相传”

浙江生态建设起步较早，从提出建设“美丽浙江”的理念开始，浙江省更是不断提出生态文明新的发展思路。其实，早在2003年中共浙江省委就提出了“八八战略”，为全省的未来明确了八项举措，指出要进一步发挥浙江的生态优势，创建生态省，打造“绿色浙江”。在此基础上，部署了“千村示范、万村整治”工程，开启环境污染整治行动。截至2017年年底，全省100%实现了建制村生活垃圾集中收集处理，提升了居民的生活水平和生态舒适感，项目意义显现。

生态文明建设涉及多个方面，但大多与生活息息相关，其中水资源的整治和保护是生态文明建设中的关键。在水资源整治方面，浙江省提出了“五水共治”的理念，深度解决了全省的水资源污染问题，具有重要的政治、经济、文化、社会和生态意义。

水力资源的平稳有效利用，在对稳定社会起到正向作用的同时，促进了经济的平稳增长。此外，省内出现一批模范城市，带动了全省水资源整治，得到了社会力量的支持。例如山东省浙江商会会长章鹏飞牵头，联合全国11家浙江商会发起成立了“省外浙商五水共治爱心基金”和“省外浙商五水共治协调联络中心”。

生态问题关乎民生问题，人民群众对于解决空气污染和食品安全问题的呼声也很高。浙江省市场监督管理局2018年共组织开展食品抽检21677批次，经抽检，合格率为96.55%，与2016年、2017年基本持平，未发生系统性、行业性和区域性食品安全问题。在大气环境方面，《2018年浙江省生态环境状况公报》显示，浙江省整体空气质量提升，日空气优良天数比例比往年提高。

浙江省坚持生态建设方略，把生态文明建设融入经济建设、政治建设、文化建设、社会建设各个方面和全过程。

二、文明建设成为亮丽风景线

生态与文明是相辅相成的，其中文明包括居民的文明行为建设。近年来，浙江省积极推进全国文明城市创建工作，大力提升市民文明素养，并将之作为落实科学发展观、推动城市科学发展的重要举措和保障改善民生、提高人民群众生活品质的重要载体，城市环境显著改善，城市形象和城市竞争力不断提升。

浙江省特别以杭州市为代表，文明行为习惯建设成效显著。从2010年起，杭州交警选择从“礼让斑马线”入手推进《杭州市打造交通文明示范城市三年规划》。经过近五年的发展，公交车让行率高达99%。此后，交管部门将包括私家车在内的所有车辆在人行道前礼让行人写入杭州地方交通法规。如今，人行道前礼让行人已成了杭州的一张“金名片”，在全省范围内得到了推广。

“垃圾分类”也在浙江省逐步开始落实。2019年8月21日，浙江省住房和城乡建设厅发布全国第一部城镇生活垃圾分类省级标准《浙江省城镇生活垃圾分类标准》，统一了分类设施标志标识和颜色，明确了分类投放、分类收集、分类运输和分类处理操作规范。这不断推动居民生活行为习惯的改善，也是对“创造美好生活”的最好回应。

三、生态资源整合升级

生态资源是一笔无穷的资产，浙江省在使用这项资源的过程中充分发掘潜力，开发生态资源，推动第三产业发展，为城市生态环境改善带来了驱动力。浙江省在原有的生态资源基础上，积极开发多个自然保护区，并且实施严格的环境保护措施。根据浙江省生态环境厅发布的信息，截至2018年5月，浙江省已经建立国家级自然保护区11个，省级自然保护区15个。自然保护区的设立，带动了当地旅游业发展，促进了周边地区餐饮、公路运输、特产营销等产业的发展，不仅为当地人提供了就业机遇，也提升了区域内环境污染治理、环境改善和检测的能力。

浙江省自然保护区分布 截至 2018 年 5 月

图1 浙江省自然保护区分布图（2018年）

续 表

表1 浙江省自然保护区介绍

名 称	申报地	主要保护对象	现级别批准文号
国家级自然保护区			
浙江天目山国家级自然保护区	临安市	银杏、连香树、金钱松等珍稀植物及森林生态系统	国发〔1986〕75号
浙江南麂列岛国家级海洋自然保护区	平阳县	海洋贝藻类、海洋性鸟类、野生水仙花及其生境	国函〔1990〕83号
浙江凤阳山－百山祖国家级自然保护区	庆元县、龙泉市	百山祖冷杉等珍稀野生动植物及森林生态系统	国函〔1992〕166号
浙江乌岩岭国家级自然保护区	泰顺县	中亚热带森林生态系统及黄腹角雉、猕猴等珍稀动植物	国函〔1994〕26号
浙江临安清凉峰国家级自然保护区	临安市	梅花鹿、香果树等野生动植物及森林生态系统	国函〔1998〕68号
浙江古田山国家级自然保护区	开化县	白颈长尾雉、黑麂、南方红豆杉及常绿阔叶林森林生态系统	国办发〔2001〕45号
浙江大盘山国家级自然保护区	磐安县	野生药用植物资源	国办发〔2002〕34号
浙江九龙山国家级自然保护区	遂昌县	黑麂、黄腹角雉、伯乐树、南方红豆杉等野生动植物	国办发〔2003〕54号
浙江长兴地质遗迹国家级自然保护区	长兴县	全球二叠—三叠系界限层剖面和点（GSSP）、长兴阶标准底层剖面	国办发〔2005〕40号
浙江象山韭山列岛国家级自然保护区	象山县	大黄鱼、曼氏无针乌贼、江豚、黑嘴端凤头燕鸥等繁殖鸟类及岛礁生态系统	国办发〔2011〕16号
浙江安吉小鲵国家级自然保护区	安吉县	安吉小鲵、银缕梅等珍稀濒危动植物	国办发〔2017〕64号
省级自然保护区			
泰顺县承天氡泉省级自然保护区	泰顺县	含氡硅氟复合型热矿泉	浙政发〔1997〕145号
青田鼋省级自然保护区	青田县	鼋及其生境	浙政发〔2000〕278号
舟山五峙山列岛鸟类省级自然保护区	舟山市定海区	黄嘴白鹭、黑嘴端凤头燕鸥等鸟类	浙政函〔2001〕179号
常山黄泥塘金钉子地质遗迹省级自然保护区	常山县	黄泥塘金钉子界线层型剖面及西阳山组、华严寺正层型剖面	浙政函〔2002〕71号

续 表

名 称	申报地	主要保护对象	现级别 批准文号
诸暨东白山 省级自然保护区	诸暨市	香榧种质资源	浙政函〔2003〕210号
景宁望东垟高山湿地 省级自然保护区	景宁畲族自治县	高山湿地生态系统、次生常绿阔叶林及珍稀动植物	浙政函〔2007〕35号
长兴扬子鳄 省级自然保护区	长兴县	扬子鳄及其生境	浙政函〔2007〕70号
仙居括苍山 省级自然保护区	仙居县	低海拔沟谷常绿阔叶林和珍稀野生动物	浙政函〔2011〕109号
景宁大仰湖湿地群 省级自然保护区	景宁畲族自治县	山地溪源湿地生态系统、珍稀动植物资源及水源涵养、天然林	浙政函〔2013〕111号
江山金钉子地质遗迹 省级自然保护区	江山市	国际地科联和国际地层委员会批准的寒武系第九阶全球划分对比标准	浙政函〔2015〕57号
衢江千里岗 省级自然保护区	衢江市衢江区	森林生态系统及黑麂、白颈长尾雉等	浙政函〔2015〕186号
绍兴舜江源 省级自然保护区	绍兴市柯桥区、上虞区	库塘湿地生态系统、水源涵养及小天鹅、鸳鸯等水鸟	浙政函〔2016〕6号
江山仙霞岭 省级自然保护区	江山市	中亚热带常绿阔叶林及黑麂、白颈长尾雉等	浙政函〔2016〕63号
莲都峰源 省级自然保护区	丽水市莲都区	中华斑羚、蛙类新种(丽水树蛙、丽水异角蟾)、九龙山榧树等珍稀濒危野生动植物及其生境	浙政函〔2017〕28号
东阳东江源 省级自然保护区	东阳市	浙中大面积代表性的森林生态系统及夏蜡梅、中华鬣羚等珍稀濒危动植物	浙政函〔2018〕29号

浙江省对于生态资源的利用也体现在对饮用水水源保护地的生态资源保护上。在浙江省开展的专项行动中，相关部门针对全省饮用水水源地的所有问题进行梳理，每月定期对环境问题清理整治进程提交汇报进展情况表，在不影响生态资源开发的情况下，按照最严格标准执行环保部（今生态环境部）和水利部联合

印发《全国集中式饮用水水源地环境保护专项行动方案》的要求。2018年底，完成对饮用水水源的整治工作，实现生态资源的更优化利用。

湿地资源作为自然资源中的一个重要组成部分，与人类的生存、繁衍、发展息息相关，是自然界最富生物多样性的生态景观和人类最重要的生存环境之一。同样，湿地资源在浙江省生态资源的整合中也被提到了较高的位置。自2012年12月1日起，浙江就开始施行《浙江省湿地保护条例》，通过近些年的推进，全省建立了以杭州西溪国家湿地公园为代表的10多个湿地公园，不仅提升了居民生活居住环境和幸福感，也对生态资源的整合升级和利用带来很好的启示。

四、城乡生态文明同步发展

城镇和乡村是社会发展中不可分割的部分，我们不仅要解决好城镇的生态文明建设，也要大力提升乡村居民的生活水平和居住环境。浙江省深入开展绿色城镇创建、美丽乡村建设、“四边三化”等专项行动，在进一步改善全省城乡面貌上取得了明显突破。

“美丽浙江”的实现，既要靠美丽城市，也要靠美丽乡村，浙江省在美丽乡村建设中表现不凡。（1）更加关注乡村居民生活环境的改善，时刻贯穿“一张蓝图绘到底”的发展理念。在村庄整治中，实现了厨房污水、厕所污水和洗涤污水的有效治理，对生活垃圾开展分类处理。同时，提升农村公共服务水平，改善农村居民的社会保障水平，在农民关注度较高的养老医疗、福利待遇和社会救助等方面都逐年提高标准。（2）更加关注农村特色产业的发展。利用农村的特色资源，发展有人文特色和地域风情的农村生态经济和民宿产业。（3）更加关注农村文化设施的建设。主要是从2013年开始着力打造农村文化礼堂建设，改善农民文化生活，满足农民文化需求，构建农民精神家园。以杭州市为例，其农村文化礼堂建设边试点、边探索、边实践、边总结，截至2017年10月底，已累计建成700余家。

第二节 “美丽浙江”的有利条件

“美丽浙江”建设的目标生动而具体，鲜明地阐释了“绿水青山就是金山银山”的理念，是浙江省生态文明建设与国家生态文明建设高度一致化的具体表现，更是“美丽中国”在浙江的具体实践。浙江省具有“美丽浙江”建设的思想优势、制度优势、经济优势、实践优势等诸多优势。浙江省第十四次党代会提出，今后五年，浙江要在提升生态环境质量上更进一步、更快一步，努力建设“美丽浙江”。当下，浙江正迎来建设“美丽浙江”的大好机遇。

一、绿水青山里的诗画浙江

浙江省地理位置区位优势明显，位于我国东南沿海、长江三角洲南翼。山地和丘陵占全省陆域面积的74.63%，平坦地占20.32%，河流和湖泊占5.05%，耕地面积为208.17万公顷，故有“七山一水二分田”之说。多山多水让浙江与“诗情画意”紧密联系在一起。山脉和森林环绕全省，丰富的植被资源让浙江被誉为“东南植物宝库”。

浙江省境内有西湖、东钱湖等容积100万立方米以上湖泊30余个，海岸线（包括海岛）长6400余公里。自北向南有苕溪、京杭运河（浙江段）、钱塘江、甬江、灵江、瓯江、飞云江和鳌江等八大水系，钱塘江为省内第一大河，上述8条主要河流除苕溪、京杭运河（浙江段）外，其余均独流入海。

自古以来，浙江就是诗人笔下的“常客”，描述浙江美好景象的诗句数不胜数。其中赞赏西湖美景的诗句，有苏轼的“欲把西湖比西子，淡妆浓抹总相宜”，还有白居易的“湖上春来似画图，乱峰围绕水平铺。松排山面千重翠，月点波心一颗珠”，等等。

悠久的历史也让浙江的发展充满了韵味。浙江境内已发现新石器时代遗址100多处，有距今万年左右的上山文化、距今约八千年的跨湖桥文化、距今约七千年的河姆渡文化、距今约六七千年的马家浜文化和距今约五千年的良渚文化，都出土了丰富的遗迹、遗物。2005年，浙江省在全国率先公布首批省级非物质文化遗产名录；2006年，浙江省列入首批国家级非物质文化遗产名录的项目数量位居全国第一；截至2012年，浙江省已公布四批省级非物质文化遗产名录。2019年7月6日，中国良渚古城遗址获准列入世界遗产名录。

二、名列前茅的经济发展水平

经济基础决定上层建筑，物质水平的提升带来精神层面的进步，这是社会发展进步的规律。2012年浙江省的经济发展迎来了新高，在此基础上，2014年中共浙江省委根据经济发展形势果断作出了“建设美丽浙江、创造美好生活”的发展战略，就是要在经济形势大好的情况下，不断提升浙江发展的质量和水平，更好地满足人民对美好生活的需求。

改革开放以来，浙江省是最先开放的省份之一，也是中国省内经济发展程度差异最小的省份之一。浙江省GDP总量从1994年开始稳居全国前五，实现了稳定增长。省内每个城市都探索出符合当地实际情况的经济发展方向和特色，例如：宁波和舟山等沿海城市的港口贸易发展迅速；温州的民营企业在我国起步较早，形成了独具特色的“温州模式”，以家庭工业和专业化市场的方式发展非农产业，从而形成小商品、大市场的发展格局；义乌的小商品经济以及高度发达的物流业是中国特色市场经济的成功例证；随着互联网的发展，一大批以马云为代表的杰出企业家在杭州发展起互联网经济，国务院总理李克强提出的“大众创业、万众创新”政策在杭州效果明显，一大批孵化器在杭州起步、发展，形成了以梦想小镇为代表的各种新型经济发展模式，取得的成果在全国范围内都得到了认可，“取经学习”的团队络绎不绝地涌入杭城。

浙江省还提出了环杭州湾大湾区的大都市圈发展规划，已获得国家的批复，预计在不久的将来，经济上大步向前的浙江省会迎来更快更好的经济发展前景，“美丽浙江”的实现具有更坚实的经济基础。

三、开放包容的执政理念

浙江几乎在所有贯彻落实党中央的大政方针的具体部署中，不仅做好“规定动作”，而且都能接地气地找到自身的特色说法和做法，而不是只当“传达室”和“传声筒”。如中央提出改革开放政策，浙江提出市场化取向改革和实施“两头在外”战略；中央提出加快工业化，浙江提出大力发展块状特色产业和专业市场；中央提出推进城镇化，浙江提出顺势应时加快推进城市化进程；中央提出科学发展观，浙江把“八八战略”作为贯彻落实科学发展观的生动实践；中央提出构建社会主义和谐社会，浙江提出大平安浙江建设；等等。当然，浙江更多的是从实际出发，率先探索实施前所未有的改革举措，如强县扩权、扩权强县，小城镇综合改革，农村“千万工程”，“最多跑一次”改革，等等。历届浙江省领导班子在开放包容的执政理念下进行的一系列实践探索，极大地丰富了中国特色社会主义理论体系。

开放包容的执政理念让浙江省在开展公共服务的过程中，能够更好地倾听群众的呼声，在执政队伍中形成良好的氛围。“最多跑一次”就是对企业和群众办事模式的一种创新，着力打造服务型政府，让“美丽浙江”赢在起跑线上。

四、不断提升的居民生活水平

改革开放以来，浙江城乡居民的人均可支配收入增长不断提升，人均消费性支出快速增长，总消费水平大幅度提高，生活水平得到了明显的改善。

浙江省在民生问题上不断提出民生三问：获得感、幸福感、安全感从何而来？面对重大民生问题，省委、省政府不断狠下功夫，如：针对食品安全问题，设立了“放心农贸市场”“农村家宴放心厨房”以及“农产品质量安全追溯体系”；针对学前教育问题，新改（扩）建幼儿园，撤并薄弱幼儿园，整治小区配套幼儿园；针对养老服务问题，建立一批示范型居家养老中心，还提供了大量老人助配送餐服务点；针对环境卫生问题，大力开展了“厕所革命”，对农村厕所进行改造，新改（扩）建了景区厕所；针对全民健身问题，新建省级全民健身中心、乡镇街道全民健身中心、中心村全民健身广场；等等。

五、对外开放的质量升级

让世界了解中国，让世界了解浙江，浙江省对外开放水平也在不断提高，“美丽浙江”以更宽广的胸怀欢迎各国友人的到来。在2018年全省对外开放大会上，中共浙江省委主要领导提出了多项举措，包括自由贸易试验区2.0版，以数字贸易为中心的新型贸易模式，把杭州大江东、宁波杭州湾新区打造成为标志性、战略性改革开放大平台等一系列内容。

第三节　“美丽浙江”的制约因素

“美丽浙江”是浙江人民的热切愿望。应当看到，多年来，浙江省在经济社会发展取得巨大成就的同时，也付出了高昂的能源资源和生态环境代价。目前，有一些因素制约了“美丽浙江”建设，亟需得到改善。

一、城市交通拥堵严重

早在20世纪30年代，美国洛杉矶就出现了交通拥堵问题。20世纪90年代，交通拥堵更是成为世界上很多城市的“流行病”。进入21世纪，随着经济发展，车辆增加，特别是小汽车大量进入家庭，越来越多的城市加入交通拥堵行列。随着经济社会发展步伐的加快，浙江省城市交通拥堵状况不仅十分突出，而且出现了不断蔓延的趋势，从浙北、浙东等发达地区向浙中、浙西南欠发达地区蔓延，由杭、甬、温等大城市向中小城市蔓延，一些城市早晚高峰交通拥堵时间持续达2小时甚至更长。杭州市城区早晚高峰时段公共汽（电）车平均通行时速只有9公里，已经大大低于国际公认的大城市交通拥堵警戒线20公里/小时。

深层分析城市交通拥堵的原因，可以归结为以下几点：（1）城市发展规划落后于时代发展的要求，城市规划布局普遍存在结构性矛盾。拥堵是浮在表面的现象，实质上却反映了城市发展规划跟不上时代发展的要求。（2）机动车保有量高速增长，短期内难以有效遏制。（3）公交优先战略实施进展不快，公共交通基础相对薄弱。浙江省城市轨道交通建设起步晚、里程短，目前仅有杭州、宁波有轨道交通项目在建，温州有市域铁路在建，但都处于起步阶段，无法有效发挥作用。（4）交通组织管理协调能力跟不上时代发展的要求。一方面，管理主体多元，协调难度较大；另一方面，科技含量不足，精细化管理不到位。

显然“美丽浙江”的发展要缓解城市交通拥堵问题，就要从以上几个短板着手，尽快改善。

二、空气质量仍待提高

根据浙江省发布的《2018年浙江省生态环境状况公报》中

的大气环境专题可以看出，全省的空气质量有所提升，空气质量整体上是优于上一年的，但是问题依旧明显突出。县级以上城市$PM_{2.5}$的年均浓度比上年下降11.4%，但是47个城市只达到二级标准；PM_{10}比上年下降8.8%，而67个城市只达到二级标准；浙江省内设区的城市中，轻度污染和中度污染仍有不小的出现比例。酸雨是衡量空气质量的另外一个指标，酸雨出现虽比往年有所改善，但是问题依旧严重：平均酸雨率有58.7%，69个县级以上城市中有55个被酸雨覆盖，其中轻酸雨区33个，中酸雨区23个，重酸雨区1个；从降雨的化学组分看，主要致酸物质仍然是硫酸盐。[1]

浙江省内的空气质量问题根源主要在于以下几点：（1）煤炭消费总量大，煤炭燃烧产生大量废气污染，“煤改气”工作要大力推进，还要加强高污染燃料禁燃区建设；（2）加强机动车污染防治，加快彻底淘汰黄标车，大力推广新能源汽车等清洁交通工具，切实做好油品提升和城市治堵工作；（3）深入实施工业脱硫脱硝减排工程，加大工业烟粉尘、挥发性有机废气治理。（4）加强城市烟尘整治，全面建成“烟控区”；（5）严格控制城市工程扬尘和农村废气排放，全面禁止农作物秸秆焚烧；

[1] 浙江省生态环境厅：《2018年浙江省生态环境状况公报》，http://www.zjepb.gov.cn/art/2019/6/5/art_1201912_34490851.html，2019年6月5日。

（6）建立健全重污染天气监测、预警和应急响应体系，积极参与长三角地区治气降霾联防联控，不断完善大气污染区域联防联控机制。

三、垃圾分类处理不足

垃圾分类是对垃圾收集处理传统方式的改革，是对垃圾进行有效处理的一种科学管理方法。2019年7月起，上海开始强制实行垃圾分类，紧随其后，包括杭州在内的城市也陆续采取垃圾分类处理措施。8月21日，浙江省住房和城乡建议厅发布全国第一部城镇生活垃圾分类省级标准《浙江省城镇生活垃圾分类标准》，并于11月1日正式施行。但是实际的执行效果并不是很明显，主要问题在于：（1）垃圾分类的观念意识较薄弱，不少居民并未形成垃圾分类的习惯，另外也缺乏关于垃圾分类的知识储备；（2）垃圾回收设施配套不足，现有的垃圾设施属于简易的垃圾分类设施，设施的分类标准不一，未及时跟进“分类标准”中的处理分类；（3）垃圾储运形式没有发生大的改变，配套的垃圾回收车基本上没有对垃圾进行分类处理；（4）缺乏强有力的监管措施，当前对垃圾分类处于倡议阶段，基层组织并未完全跟进处理细则。

虽然垃圾分类已经在逐步融入居民的生活，但唯有建立配套的设施和执行细则，才能真正使垃圾分类深入人心。这既要靠基层社区积极引导，也要靠居民主动地参与分类处理。垃圾分类是提高垃圾处理效率的最实际做法。

四、近岸海域污染严重

全省近岸海域水体总体呈中度富营养化状态。一、二类海水占39.6%，三类海水占17.6%，四类和劣四类海水占42.8%。主要超标指标为无机氮、活性磷酸盐。2018年与上年相比，全省近岸海域水质保持稳定，其中一、二类海水比例上升7.5个百分点，三类海水比例上升0.8个百分点，四类和劣四类海水比例下降8.3个百分点。海水主要超标指标无机氮均值含量下降了3.5%，超标率下降2.9个百分点；活性磷酸盐均值含量上升了10.0%，超标率下降2.4个百分点；水体富营养化等级维持在中度。

宁波、温州、嘉兴、舟山、台州五个沿海城市中，温州和台州近岸海域水质较好，温州一、二类海水比例占77.4%，台州一、二类海水比例占59.4%，水体均未富营养化；宁波一、二类海水比例占30.6%，水体处于轻度富营养化状态。

全省近岸海域海洋生物生存环境质量保持稳定。其中浮游植物多样性指数1.90，生境质量等级为差；浮游动物多样性指数为

2.29，生境质量等级为一般；底栖生物多样性指数1.88，生境质量等级为差。与上年相比，浮游动、植物和底栖生物生境质量等级均持平。潮间带湿地生物生存环境尚可，群落结构基本稳定，生境质量等级为差。与上年相比，潮间带生物生存环境总体稳定，多样性指数略有下降。[1]

海洋资源也是浙江省重要的资源，对于海洋生态环境的保护刻不容缓，必须及时对污染问题做出深度分析，并拿出针对性措施。海洋生态资源的可修复性差，因此要尽快采取修复行动。

第四节 “美丽浙江”的建设路径

2018年10月，浙江省“千村示范、万村整治”工程荣获联合国“地球卫士奖”中的“激励与行动奖”，意味着浙江省推进生态文明建设，建设“美丽浙江”的努力和成效得到国际社会认可。浙江省将按照习近平总书记对浙江工作“干在实处永无止境，走在前列要谋新篇，勇立潮头方显担当”[2]的新期望，坚

[1] 浙江省生态环境厅：《2018年浙江省生态环境状况公报》，http://www.zjepb.gov.cn/art/2019/6/5/art_1201912_34490851.html，2019年6月5日。

[2] 王国锋：《习近平总书记对浙江工作作出重要指示》，《浙江日报》2018年7月10日第1版。

定践行“绿水青山就是金山银山”的理念，把生态文明建设作为根本大计，坚持以节约优先、保护优先、自然恢复为主的方针，紧扣大湾区、大花园、大通道、大都市区建设，加快推进绿色发展，统筹推进山水林田湖草系统治理，着力解决突出的环境问题，切实加大生态系统保护力度，深化生态环境监管体制改革，推动形成人与自然和谐发展的新格局，努力实现“天蓝、水清、山绿、地净”，早日建成富饶秀美、和谐安康、人文昌盛、宜业宜居的“美丽浙江”。

一、提升生态环境新水平

（一）加强重点区域生态保护。加大对重要生态功能区、生态环境敏感区和脆弱区的保护力度，确保钱塘江、瓯江、太湖等主要流域源头地区和海洋生态功能区维持原生态。加强湖泊和湿地生态保护，遏制面积萎缩、功能退化趋势。控制低丘缓坡开发，遏制水土流失。推进自然保护区、海洋特别保护区规范化建设，抵御外来物种入侵，全面加强生物多样性保护。按照保护优先、开发有序的原则，加大土地、矿产、森林、海岸线和岛礁等资源重点开发区域的生态监管力度。积极应对气候变化，建立健全气象灾害预警先导的部门联动和社会响应机制，深入推进防灾减灾体系建设。加强辐射污染和放射源监管。

（二）加大生态修复力度。坚持以自然修复为主、人工修复为辅，通过退耕还林、封山育林、增殖放流、禁渔休渔等措施，让生态系统休养生息，对无法实现自我修复的生态系统开展工程修复。在水体污染较严重的江河流域、平原河网和重要水环境功能区，积极建设水环境生态治理和修复工程。加快修复湖库生态系统，持续改善湖库生态环境。全面加强矿山生态环境整治、复垦和沿海滩涂、重点港湾、海域海岛的生态修复。深入推进小流域、坡耕地及林地水土流失综合治理。

（三）大力推进生态屏障建设。加强绿色生态屏障建设，深入推进"下山移民"工程，加大森林资源保护力度，全面推进平原绿化和森林扩面提质，提高林分质量和林木蓄积量，提升森林生态系统功能。加强海洋蓝色生态屏障建设，实施入海污染物排放总量控制、海洋灾害监测与预警、海洋环境监测、浙江渔场修复振兴、海域海岛海岸带整治修复和海洋建设能力保障等六大海洋重点工程，扎实推进近岸海域和重点海湾污染整治，加强围填海和海岸线的管理，科学合理利用岸线、滩涂和海岛资源，严格控制海洋开发活动。加快海岸防护工程和海岛防护林体系建设。开展滨海生态走廊建设。

二、夯实生态经济新热点

发展生态经济，利用生态拐点的契机，大力倡导经济生态化和生态经济化，努力把“生态资本”变成“经济资本”，把生态产业和低碳产业作为技术制高点和经济新引擎，逐步形成产业集聚、企业集中、资源集约的以低耗、减排、高效为特征的绿色增长模式，夯实“绿水青山就是金山银山”的经济基础。

从经济生态化来看，关键在于大力发展生态经济、绿色经济、循环经济和低碳经济。（1）加快发展生态经济，形成有利于节约资源、保护环境的现代产业体系。加快淘汰高能耗、高排放落后产能，积极发展太阳能、风能等新能源和可再生能源，积极发展节能环保、新能源汽车、新光源、生物质能、核电设备制造等相关产业，推进产业结构的升级换代。（2）大力推进绿色经济，重点抓好生态农业、生态旅游、循环工业、绿色金融、健康产业、绿色能源，通过绿色消费带动绿色产业发展，着力推进绿色产业集聚区、山海协作升级版工程和特色小镇建设，把生态资源变成生态资本和绿色财富。（3）进一步推进循环经济发展，积极推进园区循环化改造，全面提高再生资源综合利用水平。加快建立和推广现代生态循环农业模式，大力发展无公害农产品、绿色食品和有机产品。（4）积极推进低碳经济，鼓励企业开发绿色低碳产品，实施绿色采购消费政策，积极构建以低能耗、低污染、低排放为基础的低碳经济发展模式。

从生态经济化来看，关键在于生态产业的市场化运营和绿色GDP指标体系建设，努力将“生态资本”转变成“富民资本”，培育绿色经济增长点。（1）要用市场经济的方法来做大、做强生态产业，特别要注重引进民间资本“打理山水”，有效引导企业转型升级，推进技术创新，走向绿色生产。（2）推进绿色GDP指标体系，引导物质投入推动的经济增长方式向质量、效益导向型的经济增长方式转变。（3）推动生态项目市场化，积极探索资源定价、适度提价机制，用价格杠杆调节资源使用；推进大项目企业化经营、产业化运作；运用业主招投标、项目经营权转让、BOT（建设—经营—转让，实质是基础设施投资、建设和经营的一种方式）、PPP（政府和社会资本合作）等方式把生态项目推向市场，使生态项目市场化经营落到实处。

三、塑造生态文化新风向

行为美是美丽人居环境的内在美，要着眼于城乡居民生态道德的提升，不断完善生态道德教育体系，逐步形成环境友好、健康文明的生活方式、消费观念和行为习惯。（1）大力倡导低碳环保的生活方式和消费习惯。在全社会倡导绿色健康的生活方式，树立绿色消费观念，倡导低碳生活习惯，使公众养成良好的生态道德和行为习惯。积极引导居民广泛使用节能型电器、节水型设备，提高水循环利用率和垃圾分类、废弃物回收、循环利用率。（2）广泛普及生态文明意识。采取各种措施，确保各类生态文化和生态环保公益活动丰富，生态文明宣传教育活动普及，生态伦理观得到传播培育，全面提升公众的生态文明意识。（3）健全公众参与体系。完善公众参与机制，拓宽公众参与渠道，充分发挥共青团员、妇联等群众团体和环保志愿者的作用，努力营造全民关注和参与美丽人居建设的良好氛围，鼓励社会各界和广大人民群众争做最美居民，共建最美人居，共享最美生活。

良好的舆论氛围是推进美丽人居环境行动的重要举措。充分利用广播、电视、报刊、网络等公共媒体，多形式、全方位宣传共建共享美丽人居行动的重要意义，提高全社会对共建共享美丽人居环境建设行动的认同感。广泛开展各类主题宣传和教育培训活动，教育和引导城乡居民主动参与到美丽人居环境行动中来。加强工作交流沟通，广泛宣传涌现出来的好典型、好做法和好经验，提高全省共建共享美丽人居环境行动的水平，营造全社会共建共享美丽人居环境的浓厚氛围。

四、推进人居环境新发展

（一）加快美丽城市规划建设。根据环境和人口承载能力、可开发土地资源和经济社会发展水平，进一步完善全省城镇体系规划。坚持全省规划“一盘棋”，统筹抓好都市区、区域中心城市、县城和中心镇的规划建设，推动高端要素向都市区集聚，分类指导区域中心城市发展，推动县城、小城市和中心镇成为统筹城乡发展的战略节点。结合自然资源特点和人文特色，科学设计城镇人居环境、景观风貌和建筑色彩，加强城镇生态景观保护和建设，推进生态人文小城市试点，建设一批江南风情小镇，彰显“诗画江南”独特魅力。坚守城市发展“边界”，推进绿色城市、智慧城市、人文城市建设。科学开发利用城市地下空间，整治城市光污染问题。强化城镇市容环境卫生管理，进一步提高城市垃圾分类处理、收运储网络和设施建设与管理水平，积极推进垃圾资源化利用和焚烧处理，推进垃圾处理减量化、无害化、资源化。

（二）提升美丽乡村建设水平。实施《美丽乡村建设规范》，提升标准，优化布局，强化特色，让广大人民群众望得见山，看得见水，记得住乡愁。深化“千村示范、万村整治”工程，推进村庄生态化有机更新。加强农村环境综合整治连线成片，建立长效管理机制。大力创建绿色城镇和生态示范村，保护乡土自然景观和特色文化村落。加强村庄规划和建设，强化农房设计服务，彰显江南农房特色。抓好农房改造和危房改造，精心建设一批“浙派民居”。积极推进全省景观森林建设，建设一流森林休闲养生福地。提升全省农村公路建、管、养、运一体化发展水平，着力打造美丽公路。

（三）大力推行绿色建筑和低碳交通。建立健全绿色建筑监管体系，不断提高绿色建筑比例。大力推进建筑节能改造和太阳能等可再生资源一体化应用建筑，新建住宅普遍推广使用节能节水新技术、新工艺及新型墙体建材和环保装修材料。大力实施农村建筑节能推进工程，推进农村太阳能供电、供热设施进村入户。积极推进低碳综合交通网络建设，有效削减道路交通的能源消耗和温室气体排放。实施“公交优先”发展战略，不断加大公共交通投入，加快建设城市轨道交通，发展水上公共交通，完善智能交通服务体系。

五、统筹城乡生态新和谐

（一）完善空间规划体系。按照人口、经济、资源环境承载力相协调和主体功能区定位的要求，创新编制省域总体规划，促进经济社会发展规划、城乡规划、土地利用规划、地下空间规划、环境功能区划、海洋发展规划和流域规划等多规融合、一体发展，形成定位清晰、管控严格的空间规划体系，保证规划刚性执行，强化规划重点目标任务的考核。加强全省陆海统一的地理空间信息系统建设，完善各类规划和功能区划调整机制，探索编制近岸海域主体功能区规划。

（二）优化区域空间开发格局。贯彻落实《浙江省主体功能区规划》，打造浙江海洋经济发展示范区，构建现代农业发展格局，构筑产业集聚大平台，完善新型城市化战略格局，建设生态安全体系，逐步形成人口、经济、资源、环境相协调的空间开发总体格局，实施财政、土地、产业、环境等差别化区域政策。严格保护自然资源保护区域、生态环境涵养区域、历史文化保护区域等禁止开发区域的自然资源、生态环境、文化遗迹，严格禁止一切不符合主体功能区定位的开发活动，严格控制区域内符合功能定位的建设活动，严格监管开发、建设、保护和利用等各个环节。制定国土空间差别化准入条件，强化准入管理。

（三）统筹推进城乡一体化。深入实施《浙江省深入推进新型城市化纲要》和《关于深入推进新型城市化的实施意见》，促进工业化、信息化、城镇化、农业现代化同步发展，加快形成城乡空间布局框架和城镇体系结构。统筹推进城乡规划实施、基础设施建设、产业布局、社会事业发展和生态环境保护。统筹抓好城乡综合配套改革，加快建立城乡要素平等交换、公共资源均衡配置的体制机制，促进城乡区域协调发展。着力建设一批集景观建设、林相改造、生态涵养于一体，富有人文内涵的示范工程，建成省域“万里绿道网”，增进城乡生态空间有机联系。加强城乡地质灾害防治和住宅质量检测，完善防火、防灾安全设施，提高城乡安全保障水平。

第四章 安吉的实践与经验

20世纪末，作为浙江贫困县之一的安吉，为脱贫致富走上“工业强县”之路，尽管经济在短期内快速增长，顺利摘掉了贫困县的“帽子”，但当地的生态环境遭到严重破坏。如何实现“农业强、农村美、农民富”的综合性发展目标，成为摆在安吉面前的一道难题。

2001年，安吉县确定了“生态立县”发展战略，不断探索以最小的资源环境代价谋求经济、社会最大限度的发展。2005年8月15日，时任中共浙江省委书记的习近平同志在安吉县余村调研时提出了“绿水青山就是金山银山”的科学论断，深刻揭示了经济发展和环境保护的关系，坚定了安吉走“生态立县”发展之路的决心。2008年，安吉以“两山”理念为指引，开始实施以“中国美丽乡村”为载体的生态文明建设，围绕“村村优美、家家创业、处处和谐、人人幸福”的目标，实施了环境提升、产业提升、服务提升、素质提升四大工程，从规划、建设、管理、经营四方面持续推进美丽乡村建设，创新体制机制，激发建设内在动力。经过十余年的努力，安吉实现了生态保护和经济发展的双赢，获得联合国人居奖，成为中国美丽乡村建设的成功样板。通过建设美丽乡村，安吉走出了一条生态与经济、农村与城市、农民与市民、农业与非农产业互促共进的发展道路，积累了包括坚持“绿水青山就是金山银山”发展理念、以人民为中心、标准化建设、全域化推进、坚持“一届接着一届干”等宝贵经验，为其他类似资源禀赋的地区实现跨越式发展提供了经验借鉴。

第一节　安吉的实践

中国美丽乡村建设，是安吉坚持“生态立县”发展战略，根据浙江2003年开始开展的“千万工程”的工作部署，因地制宜开展的一项特色工作。2008年年初，安吉县委、县政府正式提出建设中国美丽乡村的目标，计划用十年左右时间，把全部行政村建成“村村优美、家家创业、处处和谐、人人幸福”的美丽乡村。党的十八大以来，面对农村生产发展和环境保护的新形势、新问题，在党的乡村振兴战略的引领下，“中国美丽乡村”建设走向全面综合系统的升级版，以改善农村人居环境入手，坚持规划、建设、管理、经营于一体，注重机制创新，抓住环境治理和产业发展两个牛鼻子，不断推动乡村美起来、富起来、强起来。

一、坚持规划引领，精心绘制美丽乡村蓝图

中国美丽乡村怎么建？实现怎样的新目标？时间跨度多久？

实施步骤如何？这是安吉美丽乡村建设首要面临的问题。为解决这些问题，安吉在中国美丽乡村建设中统筹整合县域美丽资源，既强化规划统一编制执行，又鼓励特色化、差异化发展。

（一）实出规划引领。结合县域实际、产业规划、土地规划和建设规划，统一整合，坚持不规划不设计、不设计不施工的原则，始终把高标准、全覆盖的建设理念融入规划中，以规划设计提升建设水平。注重与县域经济发展总体规划、生态文明建设规划、新农村示范区建设规划、乡（镇）村发展规划等相对接，先后编制了《安吉县建设“中国美丽乡村”行动纲要》《安吉县“中国美丽乡村”建设总体规划》等一系列县域空间规划和产业布局规划，形成了横向到边、纵向到底的建设规划体系。

（二）注重彰显特色。安吉十分注重对特色建筑的保护和地方特色文化内涵的挖掘，并将其与乡村氛围很好地结合起来，贯穿于规划、设计、建设的各阶段。同时按山区、平原、丘陵等不同地理位置和产业布局状况，将全县15个乡镇（街道）和187个行政村[1]按照宜工则工、宜农则农、宜游则游、宜居则居、宜文则文的发展功能，划分为“一中心五重镇两大特色区块”，以

[1]　据安吉县人民政府官网“行政区划”（2019年5月13日）载，2014年2月部分乡镇行政区划调整后，安吉县下辖8镇3乡4街道，共39个社区和169个行政村。其间区划调整略有变化。

及40个工业特色村、98个高效农业村、20个休闲产业村、11个综合发展村和18个城市化建设村，明确发展目标和创建任务。逐镇逐村编制个性规划，完善功能集聚，突出个性特色。

（三）实行立体打造。着眼城乡一体、融合发展的新格局，以中心城区为核心，以乡镇为链接，以村为节点，统筹打造优雅竹城—风情小镇—美丽乡村三级联动、互促共进局面，推进城、镇（乡）、村深度融合发展，全面形成众星捧月、日月交辉的整体态势。

二、实施标准化建设，持续提升美丽乡村品质

有了美丽乡村建设蓝图后，具体如何操作？如何将纸上的蓝图变为现实？这是美丽乡村建设需要回应的重要议题。安吉的做法是科学谋划、通盘考虑，以标准化推进中国美丽乡村建设。

（一）构建标准。在美丽乡村建设中，安吉努力做到"建有规范、评有标准、管有办法"，确保整个建设过程协调有序，科学有效，形成以"一个中心、四个面、三十六个点"为元素的中国美丽乡村标准体系。创设美丽乡村建设指标体系，对美丽乡村创建考核标准一致、奖补标准一致、项目审核一致，做到美丽乡村创建村村有份，体现了规则公平。通过指令创建与自愿申报相

结合的办法，分步实施，循序渐进。美丽乡村创建根据每个村的现有基础和实力，按特色村、重点村、精品村、精品示范村四个阶段性创建目标梯度推进，抓点连线扩面，最终达到村村精品。截至2018年底，原187个行政村和所有规划保留点全部完成美丽乡村创建，真正实现100%覆盖，建成精品示范村44个。

（二）均衡推进。整合涉农资金，加大公共基础设施建设向农村倾斜的力度，从根本上改善全县农村的基础设施条件。通过美丽乡村建设，实现了行政村农村生活污水治理设施、垃圾分类、农村社区综合服务中心建设等全覆盖，每个村都建有劳动保障信息平台，拥有农民广场、乡村舞台、篮球场、健身器材等文体设施。农村联网公路、城乡公交、卫生服务、居家养老、学前教育、广播电视、城乡居民社会养老保险等13项公共服务全覆盖。

（三）个性打造。尊重自然美，充分彰显生态环境特色，抓自然布局、融自然特色，不搞大拆大建；注重个性美，因地制宜，根据产业、村容村貌、生态特色、人本文化等进行分类打造，全面彰显一村一品、一村一景、一村一业、一村一韵。注重古迹保留，对当地从古到今内含历史印记和文化符号的古宅、老街、礼堂、民房等古迹、古建筑予以保留，并结合当地经济社会发展赋予其现代新内涵。体现传承出新，2018年底，91个文化大礼堂和46家农村数字影院在美丽乡村创建过程中相继建成，建成1个中心馆和36个地域文化展示馆，将孝文化、竹文化等通过多种形式予以展示，并形成了威风锣鼓、竹叶龙、孝子灯、犟驴子、皮影戏等一大批乡村特色文艺节目。

（四）多元投入。整合各部门涉农资金及项目，优先安排创建村。截至目前，安吉县直接用于美丽乡村建设的财政奖补资金已超20亿元。同时引导村集体通过向上争取、盘活资源等方式加大项目投入，引导农户通过投工投劳改善居住条件和优化周边环境。吸引工商资本、民间资本投入效益农业、休闲产业等生态绿色产业，参与美丽乡村建设，共撬动各类金融工商资本投入200亿元以上。

三、推进长效管理，持续保持美丽乡村美丽度

美丽乡村建设是一项长期系统的工程，不能因为创建通过验收而停止步伐。通过中国美丽乡村建设，安吉的村庄面貌焕然一新。良好的环境卫生状况如何保持，良好的公共基础设施如何维护，如何长效发挥美丽乡村建设成果成为新难题。对此，安吉积极采取如下有效应对措施：

（一）健全规章制度。出台《安吉县中国美丽乡村长效管理试行办法》（2013年3月修订），通过扩大考核范围、完善考核机制、加大奖惩力度、创新管理方法等途径，巩固扩大美丽乡村建设成果。制定美丽乡村物业管理办法，设立“美丽乡村长效物业管理基金”，建立乡镇物业中心，强化监督考核。将环卫保洁整体打包交由专业物业公司管理，或将部分区块保洁、绿化养护等项目外包给专业物业公司管理。确定每季度最后一月的25日为美丽乡村文明规劝日，工青妇等各级群团组织广泛开展“四季美丽”规劝活动，根治“四抛六乱”等有损环境的行为，全面提升城乡文明水平。

（二）加强部门协作。多个职能部门联合成立督查考核办公室，实行月检查、月巡视、月轮换、月通报和年考核五项工作机制，对全县各乡镇（街道）和行政村（农村社区）实行分片督查，考核涵盖卫生保洁、公共设施维护、园林绿化养护、生活污水设施管理等方面，并设定评价标准，考核结果纳入对行政村（农村社区）的年度长效管理综合考核。

（三）强化考核奖惩。实行美丽乡村警告、降级、摘牌制度，取消美丽乡村终身制，建立动态评价机制，强化过程监管。截至2018年底，受到降级和摘牌处理的村累计达到23个。开通美丽乡村长效管理网络投诉举报平台，开设“美丽安吉找不足”媒体曝光平台，引导全民参与。

四、探索村庄经营，积极推进美丽乡村生态价值转化

建成的美丽乡村在实施有效、长效运维管理后，建设成果在一定程度上得到了保持。但乡村管理支出高，政府在长效运维管理上的支持毕竟有限，如何实现乡村自我造血能力，从而使美丽乡村建设永葆生机和活力？安吉坚持以经营为主引擎，不断把风景变成产业，将美丽乡村建设成果转化为绿色经济发展的资本。因地制宜开展村庄经营，按照村庄特色对全县原187个行政村进行分类策划、分类设计、分类建设、分类经营。截至2018年底，全县仅44个精品示范村就吸引工商资本项目达252个，投资额233亿元。创建国家级旅游度假区、全国首个全域4A级旅游景区，另有4A级景区村庄4个，A级景区村庄38个。

（一）大力推进休闲旅游产业发展。通过美丽乡村建设，涌现出以高家堂村、鲁家村等为代表的一大批美丽乡村经营典范。以多种模式做好美丽乡村的经营文章，培育了一批乡村旅游示范村，如横山坞村的工业物业模式、鲁家村的田园综合体模式、尚书圩村的文化旅游模式、高家堂村的生态旅游模式。同

时，还发展提升了570多家精品农家乐、洋家乐和民宿。到2018年底，安吉县休闲旅游业总人次达2504万，旅游总收入达324.7亿元，实现了“绿水青山”的“淌金流银”。

（二）大力发展生态农业和生态工业。积极发展生态循环农业和观光休闲农业，按照“一乡一张图、全县一幅画”的总体格局，加快农业“两区”（现代农业园区、粮食生产功能区）建设。成为浙江唯一的“国家林下经济示范县”，形成林下培植、林下养殖、林下休闲三大模式，竹林生态化经营、合作化经营、全产业链经营取得发展，2018年，竹产业年产值达到190亿元。

（三）吸引优秀企业和人才入驻。生态环境越好，对生产要素的吸引力、集聚力就越强。天使小镇凯蒂猫家园、亚洲最大的水上乐园欢乐风暴、田园嘉乐比乐园、中南百草园等优质亲子旅游项目，JW万豪、君澜、阿丽拉等品牌酒店，相继建成营业。同时安吉发挥良好的生态环境和区位交通优势，打造宜居宜业宜游城市，吸引了一批优秀人士来安吉投资兴业，催生了一批新经济、新业态和新模式。新增国家高新技术企业37家，省级高新技术企业研发中心13家。全县首个省级重点实验室——中德智能冷链物流技术研究室成立。省科技进步一等奖、省专利金奖、省“万人计划”全面实现零突破。

五、创新体制机制，激发美丽乡村创建活力

美丽乡村建设是一项系统工程，涉及政府、农民以及各类资源要素，如何激发各方主动积极参与到建设中来，在制度设计方面就显得十分重要。安吉深入推进农村各项改革攻坚，全面激发美丽乡村建设的内生动力，努力提高参与创建的积极性和效率。

（一）构建全民共建共享创建机制。加大创建力量的整合，调动各方参与美丽乡村升级版建设的积极性。（1）坚持政府主导。美丽乡村建设县、乡镇、村三级全部落实一把手责任制，将建设目标任务逐项分解到人、到点，实行县领导联系创建村制度，并不定期组织人大代表和政协委员进行专项视察。（2）突出农民主体。按照“专家设计、公开征询、群众讨论”的办法，确保村庄规划设计科学合理、群众满意。创建工作按照“村民大会集体商量、村级组织自主申报、农民群众全员参与”的原则，把主动权交到农民手中，变“为我建”为“我要建”。（3）动员社会参与。深入推进与国家、省有关部委，高等院校和科研机构的专项合作，争取在项目、信息、技术、人才等方面的有力支持。

（二）健全完善要素保障机制。积极探索新农村建设投融

资体系创新，成立中国美丽乡村建设发展总公司，设立县财政奖励资金担保、信用社专项贷款，实施拟奖资金担保融资“镇贷村用”模式，构建起商业性金融、合作性金融、政策性金融相结合的现代农村金融服务体系。探索推行动产抵押、林权抵押、土地使用权抵押等多种担保形式，依法建立完善乡村旅游融资担保体系，鼓励农民以土地使用权、固定资产、资金、技术等多种形式入股乡村旅游发展产业。完善财政、投资、产业、土地、价格等相关政策，建立吸引社会资本投入环境保护和基础设施建设的市场化机制，引导和支持发展绿色生态经济。创新柔性引才引智机制，研究完善人才激励政策，着力引进环保、规划、旅游等一批急需专业人才。

（三）建立健全考评机制。加大生态资本保值增值力度，探索把资源消耗、环境损害、生态效益纳入经济社会发展评价体系，将绿色GDP指标纳入干部政绩考核的重要内容。根据功能定位，将乡镇分为工业经济、休闲经济和综合等三类，设置个性化指标进行考核。

在“两山”理念引导下，安吉坚持以美丽乡村建设为总抓手，走出一条经济发展和产业互促共赢的科学发展路子，先后获得全国首个生态县、联合国人居奖（首个获得县）、首批中国生态文明奖、首批全国生态文明先进集体、首批全国“两山”理念实践创新基地、中国美丽乡村国家标准化示范县、美丽中国最美城镇、国家生态文明建设示范县等荣誉。安吉美丽乡村建设标准也从省级标准上升为国家标准。2019年6月1日，联合国助理秘书长、联合国环境署代理执行主任乔伊斯·姆苏亚率团队来安吉考察生态文明建设时说：“在安吉，大家近距离感受‘绿水青山就是金山银山’理念的深刻内涵，亲眼见证政府主导，并与社会化力量通力合作开展环境治理，实现经济从粗放式发展向精细化绿色发展的转变，这不仅应对了资源紧缺的问题，也实现了经济发展、人民生活水平提高，为全世界提供了一条可借鉴参考的发展道路。”

十多年来，安吉美丽乡村的建设实现了人居环境和自然生态、产业发展和农民增收、社会保障和社区服务、农民素质和精神文明的全面提升。（1）绿水青山颜值更高。2007年以来，安吉森林覆盖率、植被覆盖率均达70%以上，空气质量优良天数比例达到87.1%，地表水、饮用水、出境水达标率均为100%，成为气净、水净、土净的“三净之地”。（2）金山银山成色更足。2007年以来，长龙山抽水蓄能电站、影视小镇、省自然博物院等一大批项目落户安吉。2007至2018年，安吉县生产总值从122亿元增加到404.32亿元，年均增长9.6%，财政总收入从11.11亿元增加到80.08亿元，年均增长19.7%，三产占比由10.0：50.4：39.6调整到6.5：44.0：49.5。（3）百姓生活品质更好。2007至2018年，安吉的农村住户人均可支配收入从9196元增加到30541元，高于2018年全省平均的27032元，城镇居民人均可支配收入从18548元增加到52617元。城乡收入比从2.02：1缩小到1.72：1。教育、卫生等民生事业不断提升，13项公共服务实现全覆盖，平安和谐程度、群众幸福指数明显提高，统筹城乡实现度达到90%。建成了一批文化礼堂、数字影院、便民服务中心，形成了“两公里便民服务圈”。

第二节　安吉的经验

安吉的美丽乡村建设实践表明，山区县的资源在绿水青山，潜力在绿水青山，山区县的发展完全可以摒弃常规模式，即让绿水青山变成金山银山，走出一条通过优化生态环境带动经济发展的全新道路，实现环境保护与经济发展双赢的目标。

一、坚持“绿水青山就是金山银山”的发展理念

“两山”理念体现了发展实质、发展方式的深刻变化，体现了发展观、生态观、价值观、政绩观的转变提升，是新常态下发展的一种更高境界。安吉的美丽乡村建设之路，就是践行“两山”理念之路。安吉坚持“生态立县”战略，把生态放在首要的突出的位置上。保护环境就是保护生产力，改善环境就是发展生产力。把安吉良好的生态环境资源作为一种财富、一种资本来经营，发挥环境资源作为“资本”应具有的经济功能，以产生更大的财富，进而实现环境效益、经济效益和社会效益的统一。实践证明，美丽乡村建设从提出到实践，再到取得当前的成效，上下统一、前后一致的发展理念尤为重要。

二、坚持以人民为中心，夯实民生福祉

美丽乡村建设的最终出发点和落脚点是促进农村经济社会发展，达到农村可持续发展，实现农民生活富裕。美丽乡村建设涉及广大农民的切身利益和大量建设项目，必须充分发挥农民的主体作用，坚持尊重民意、维护民利、由民作主原则，注重由农民群众自己决定村庄整治建设等重大问题，着力解决农民最关心、

最直接、最现实的利益问题，充分协调和保护好农民群众的积极性、主动性、创造性，形成“一呼百应”建设美好乡村的生动局面。安吉美丽乡村建设坚持民生优先，共享发展成果，大力推进城镇公共服务不断向农村基础延伸，加快推进公共服务供给由“扩大覆盖保基本”向“提升内涵谋发展”转变，在美丽乡村基础配套、精品建设中不断夯实民生福祉，增强群众获得感，提升幸福指数。

三、坚持标准化建设，确保建设品质

通过构建框架完整、有机配套、动态灵活、社会参与的标准体系，安吉县将标准的理念、标准的方法、标准的要求和标准的技术应用于新农村建设的各个领域，并总结提炼出美丽乡村建设的通用要求和细化标准，即《美丽乡村建设指南》（GB/T 32000—2015），增强美丽乡村建设的可操作性、科学性和社会参与性。标准化规范美丽乡村建设的质量、流程和责任，使整个美丽乡村建设在具体的实施中更完善、更科学、更合理。同时，标准化对各地美丽乡村建设的通用领域提供了规范性参照，在一定程度上提高了美丽乡村建设的效率，降低了探索成本，加快了建设步伐。

四、坚持全域化推进，强化因地制宜

坚持科学谋划，通盘考虑，致力于推进环境、空间、产业和文明相互支撑、一二三产业整体联动、城乡一体有机链接，力求全县美丽、全县发展。（1）空间上全覆盖。把全县域作为一个大景区来规划建设，把一个行政村当作一个景点来设计，把每户人家当作一个小品来改造。由点到面，连点成片，千村千面，由盆景到风景，实现全覆盖，全县原187个行政村就是187幅风景画。（2）形态上抓特色。按照尊重自然美、侧重现代美、注重个性美、构建整体美“四美”原则，体现一村一品、一村一业、一村一景。（3）建设上重联动。在乡村抓美丽乡村创建，在集镇推风情小镇建设，在县城创优雅竹城精品，形成城、镇、村立体化推进格局。

五、坚持“一届接着一届干”，久久为功

从2001年确立“生态立县”战略，到2008年开展中国美丽乡村建设，再到党的十八大后打造美丽乡村升级版，安吉始终把环境保护与经济发展紧密地联结在一起，始终把资源生态化、生态经济化、经济生态化作为发展的主轴，大力发展生态农业、生

态工业、生态旅游等各种业态的美丽经济，造就了强劲的可持续发展后劲。美丽没有终点，2017年，安吉县委、县政府又提出建设“中国最美县域”的发展目标，把美丽乡村上升为美丽县域战略，旨在实现由局部美向全域美、环境美向发展美、外在美向内在美的升华，继续为“美丽中国”的建设实践添砖加瓦。

第五章

开化的实践与经验

开化县地处“浙江母亲河”钱塘江的发源地之一，县域面积2236.61平方公里，户籍总人口36.22万人（2018年年底）。全县森林覆盖率为80.99%，生物丰度指数、植被覆盖指数、大气质量、水体质量均列全国2348个县（市）[1]生态环境排序中前10位，是全国9个生态良好地区之一，也是全国17个具有全球保护意义的生物多样性关键地区之一。

历届开化县委、县政府高度重视生态文明建设，紧紧围绕“生态立县、特色兴县”发展战略，以“国家级生态示范区”“国家级生态县”“钱江源国家公园”等一系列创建为抓手，通过多年的不懈努力，生态文明建设取得明显成效。2011年被环境保护部命名为“国家生态县”，同时被列入全国生态文明建设试点县；2013年编制实施了《浙江省开化生态文明县建设规划（2013—2020）》；2014年被列入“多规合一”试点县；2015年获批国家主体功能区建设试点，同时入选首批国家级生态保护与建设示范区；2016年6月国家发改委批复开化为“国家公园体制试点”县。习近平同志在主政浙江期间，于2003、2006年两度到开化视察，勉励“一定要把钱江源头的生态环境保护

[1] 据《2018年民政事业发展统计公报》显示，截至2018年年底，全国共有2851个县级行政区划单位。

好""变种种砍砍为走走看看"，嘱托要"人人有活干，户户有收入"。[1]2016年2月23日，习近平总书记听取了开化"多规合一"试点汇报后点赞："开化是个好地方。"[2]

近年来，开化立足生态优势，保持绿色发展定力，决不以牺牲环境为代价换取一时的GDP发展，结合国家公园体制试点和推进"大花园"建设，深入推进生态文明建设，生态环境不断优化，知名度与美誉度有了很大提升。目前，国家生态文明建设示范县的38项创建指标已基本达到要求。

第一节 开化的实践

开化紧紧围绕生态文明建设这一中心，持续实施"生态立县、产业强县"战略，抢抓发展机遇，积极打造生态系统健康协调、生态经济跨越发展、生态环境优美舒适、生态文化文明祥和、生态制度健全有力，"养眼、养肺、养胃、养脑、养心"的钱江源"大花园"。

[1] 邓国芳、梁国瑞、沈晶晶、钱祎：《努力开辟"绿水青山就是金山银山"的新境界》，《浙江日报》2017年10月9日第5版。

[2] 韩宇挺：《开化是个好地方》，《都市快报》2016年8月10日第C01版。

一、生态环境质量持续优化

坚守生态环境底线，大抓环境综合整治，生态环境质量持续优化，城市品质不断提升，美丽乡村魅力彰显。2017年，开化县被评为浙江省美丽乡村建设示范县、美丽浙江优胜县、浙江省生态文明建设示范县。

（一）环境质量稳中趋好。开化出境水常年保持在Ⅰ~Ⅱ类水质，全县大气环境质量始终保持在一、二级水平，县域负氧离子含量年平均值在3770立方厘米左右；2017年，省里提出剿灭劣Ⅴ类水的目标，开化自我提标，提出了“消除Ⅲ类水体，打造全省最优水质”的要求，到年底15个乡镇中有13个乡镇完成了消除Ⅲ类水体的目标，全年开化出境水Ⅰ、Ⅱ类水质占比99.2%，其中Ⅰ类水质102天，空气质量AQI优良率为97.7%，$PM_{2.5}$为28微克/米^3。2015年，开化在全国第一个被命名为“中国天然氧吧”；2016年，被省委、省政府授予五水共治“大禹鼎”。

（二）生态功能显著增强。自1982年起，开化连续36年开展绿化造林，2017年森林覆盖率达80.9%。2016—2017年，在全国率先完成了生物多样性调查，县域有国家和省级重点保护物种40余种，并在全国首先开生态多样性调查成果县级新闻发布会，中央电视台、新华社、人民网、凤凰网等30余家国内有较大影响力的媒体进行了报道，展示了开化生物多样性的雄厚家底。

（三）环境面貌全面改善。系统推进城市园林绿化、水系整治、山体修复等生态建设工程，先后建成南湖广场、玉屏公园等城市公园以及江滨大道、金溪画廊绿道等一批生态景观项目，做到城市建设与环境建设同步推进、与生态保护同步实施，2017年金溪画廊绿道获评"浙江最美绿道"。累计建成10个省级美丽乡村特色精品村、34个市级美丽乡村精品村，打造出5条美丽乡村精品线和1条最美马拉松赛道线。2017年，开化县以综合考核排名第一的优异成绩夺得"浙江省美丽乡村示范县"称号。

二、生态经济发展提质增效

良好的生态优势逐步转变为生态红利和发展活力，实现了"三个快"。

（一）绿色经济发展快。开化以壮士断腕的决心，重拳推进污染严重行业整治提升，努力实现资源利用最大化、污染排放最小化，以优质的项目增量推动传统产业生态化、特色产业规模化、新兴产业高端化。2015—2017年，开化县生产总值从103.6亿元增长到123.85亿元，2017年首次跻身全省县（市、区）经济发展潜力30强榜单。

（二）旅游收入增长快。坚持把旅游业作为战略性支柱产业来培育，以“全域景区化、景区公园化”为导向，游客人数、游客人次连续14年实现双位增长，2017年旅游人次突破千万大关。获省全域旅游示范县创建工作先进县、全省首批“两美浙江特色体验地”称号。

（三）资源节约提升快。大力开展“能源双控”“四换三名”，2017年单位地区生产总值能耗较2015年下降0.04吨标煤/万元。自2009年11月被列为全省节水型社会建设试点以来，开化县实行了最严格的水资源管理制度，2015年获评“全省节水型社会建设先行示范区”称号，2017年获“国家水土保持生态文明县”称号。

三、生态基础设施逐步完备

以提升城乡生态功能为出发点，大力开展垃圾、污水、厕所、庭院“四大革命”，实现“三个全覆盖”。

（一）“污水革命”实现污水处理全覆盖。通过“截、清、治、修”，基本实现全县污水“应截尽截、应处尽处”，2016年实现农村生活污水整治行政村全覆盖，2017年实现主要自然村整治全覆盖，2016年被住建部评为全国6个农村生活污水整治建设示范县之一。

（二）“垃圾革命”实现垃圾处理全覆盖。狠抓城乡垃圾处理设施建设，建成“户集、村收、乡镇运、县（市）集中处置”的生活垃圾集中收集处理网络，垃圾分类水平有效提升，基本实现垃圾分类行政村、垃圾兑换超市行政村、有机垃圾无害化处理行政村“三个全覆盖”。

（三）“厕所革命”实现卫生厕所全覆盖。全面推行生态公厕“所长制”管理模式，与“河长制”一体化推进，2017年年底全县农村卫生厕所累计达到8.8万余户，实现全县城区、集镇、景区、农村行政村生态公厕全覆盖，“厕所革命”做法与经验获省委书记车俊等省领导的批示肯定。

四、生态民生福祉日益改善

牢固树立以人民为中心的发展思想，持续保障和改善民生，推动改革发展成果更好地惠及民生。

（一）党政领导干部培训率大大提高。将生态文明建设列入各级党校干部培训的主体班次、干部网络教育的必修课程的重要内容，每年举办以生态文明为主题的县委理论中心组学习会、钱江源论坛及生态文明专题研讨班，全县党政干部参加生态文明教育培训比例达到100%。

（二）公众知晓度大大提高。设立了开化“5 · 5”生态日，已举办了10届“5 · 5”生态日系列宣传活动。积极推进“五水共治”和环境保护知识进乡村、进社区、进学校、进企业活动，全县学生环保教育普及率达100%，环境信息公开率为100%。每年坚持开展“6 · 5”世界环境日和“7 · 20”开化国家公园日等主题宣传活动，全方位、多角度地宣传生态环保理念，营造人人关心环保、人人参与环保的社会氛围。涌现了民间护河队、环保志愿协会等一批先进典型，培育了绿色学校、绿色社区、绿色企业等一批绿色“细胞”。

（三）公众满意度大大提高。在“两山”重要理念指引下，好山、好水、好空气不仅逐渐成为开化的代名词、新名片，也成为开化生态环境最直接、最明显的变化，让开化市民幸福指数也连连攀升。根据浙江省生态环境质量公众满意度调查结果，2013年以来，开化县公众对生态文明建设的满意度稳居全省前列。

五、生态空间格局不断优化

（一）推进“多规合一”。2014年8月，开化被国家发改委等四部委列为全国28个“多规合一”试点县（市）之一。2017

年，《开化县空间规划》获得浙江省政府批复。"多规合一"改革试点为全省及全国提供了可复制、可推广的经验和模式。

（二）划定生态保护红线。充分运用"多规合一"试点成果，严格划定了"三区三线"，全县生态保护红线总面积为805.09平方公里，占全县国土面积的36.09%。

（三）设立自然保护区。划定县级自然保护小区100个，总面积达93614亩（合约62.41平方公里），加强钱江源国家森林公园、钱江源省级湿地公园保护，受保护地区面积占全县国土面积的比例为48.24%。

六、生态保障机制不断健全

用改革创新的思维，积极破解制约生态文明建设的深层次制度问题。

（一）加强顶层设计。2013年，中共开化县委十三届三次全会作出《关于建设生态文明县的决定》，提出建设生态文明示范县的目标；同年，编制实施了《浙江省开化生态文明县规划（2013—2020）》；2014年9月，县委办下发《开化县生态文明县建设实施方案》，明确分解建设示范工作任务；2017年7月，完成《浙江省开化县生态文明建设规划（2017—2025）》

修编；8月，完成《开化县生态文明建设示范县技术评估报告》编制。自钱江源国家公园体制试点获批以来，编制完成《钱江源国家公园体制试点区试点实施方案》《钱江源国家公园总体规划（2016—2025）》等，就理顺管理体制、探索林权改革、实施生态奖惩机制、寻求跨区合作等方面开展卓有成效的推进工作，以全局视角对生态文明建设进行统筹。

（二）完善监管机制。制定出台《开化国家公园山水林田河管理办法》《开化县主要通道两侧林地林木管理细则》《党政领导干部生态环境损害责任追究办法》，在全省率先实行全流域推行禁采、禁养、禁渔、禁倒“四禁”管理。在全国率先完成“自然资源资产负债表”编制，对领导干部实行自然资源资产离任审计，并通过专家评审。制定实施《司法救助生态办法》，在全省首设环境资源巡回法庭，全方位、多角度合力推进源头生态保护。深化河长制工作机制，在全国率先制定《河长制管理规范》地方标准，在全省率先打造并运用河长信息平台。加强河长考核管理体系建设，实现全县大小河流全覆盖。2017年3月14日，《新闻联播》的《点赞中国》版块对开化河长制工作进行了典型报道。

（三）健全考核机制。近年来，开化县委、县政府高度重视生态文明建设工作，绿色发展在考核中的权重始终保持在23%

以上。按照不同乡镇的功能定位，制定分类考核办法，对生态功能型乡镇取消工业经济考核，确保生态文明建设与干部实绩考核挂钩。县委、县政府每年把生态文明建设作为督查的重要内容，人大、政协每年把生态文明建设作为代表和委员视察、评议的重点内容，形成了整体合力。

第二节　开化的经验

生态文明建设功在当代，利在千秋。要实现美丽开化建设目标，不是短期的追求，而是一个需要长期努力、久久为功的过程。开化在建设美丽开化过程中积累了一些特色经验。

一、坚持生态立县，建立健全“三大工作体系”

自开展生态建设以来，开化县秉承“生态立县、特色兴县”理念，坚持“一张蓝图绘到底”，保持生态建设思路不变、力量不减、队伍不散，形成并落实组织、规划、监管三大工作体系。

（一）强化组织领导。坚持把生态文明建设作为“一把手”工程，成立了由县委书记任组长、县长为常务副组长的生态创建工作领导小组，对全县生态建设统一部署、统一安排。县委、县政府先后召开全县争创生态文明建设动员大会、推进会，并多次召开县委常委会、县政府常务会、生态环保专题工作会，研究部署生态文明建设工作。县人大、政协发挥监督职能，为生态建设和环境保护建言献策，各乡镇、各部门紧紧围绕生态文明建设示范县创建目标各司其职、协同推进，全县上下联动，凝聚各方力量，形成创建工作的强大合力，实现生态建设常态化、规范化、持续化。

（二）坚持科学引领。认真贯彻落实党中央关于“五位一体”的战略定位，立足开化县社会经济发展动态和生态环境特征，结合“多规合一”部署，科学编制和完善生态建设规划，先后编制或修编了《开化县生态文明建设规划》《开化县环境功能区划》《开化县林相改造和森林景观林建设总体规划》《开化县水功能区水环境功能区划》《开化县土壤污染防治规划》等。县、乡（镇）政府和县直各部门在实施生态建设中，坚持以规划为基准，统筹推进各项生态建设工作。

（三）严格监管执法。以严格执法为手段，从严从实抓好中央和省环保督察组交办的突出问题整改，全面建立工作清单、责任清单、进度清单“三张清单”，构建责任全链条，对违法排污、群众反映强烈的企业实行严厉处罚。以严格把关为己任，严格落实国家产业政策，从源头上控制新污染源产生。以有效监管为目标，对入园企业严格执行"环评"和"三同时"制度。同时建立公检法环联合办公室与巡查制度，形成打击环境违法行为的合力，保持环境安全高压态势。

二、坚持标本兼治，全力打好"三大攻坚战役"

深入实施"大气十条""水十条""土十条"，以铁的决心、铁的手腕、铁的措施推进水、气、土、危险废物等重点领域污染防治工作，当好贯彻习近平生态文明思想的排头兵。

（一）打好"治水"持久战。全面推进治污水、防洪水、排涝水、保供水、抓节水"五水共治"，在全县推进以截污纳管、源头管控、规范排水、雨污分流为重点的"污水零直排区"建设工作。推进水污染企业整治与集镇污水治理工程，在全省率先实现镇级污水处理厂全覆盖，开展"提升Ⅲ类水"专项行动，在全省率先消除劣Ⅴ类水体，13个乡镇获评"提升Ⅲ类水达标乡镇"。

（二）打好"治气"攻坚战。立足当前、主攻内因，实施大气污染防治三年行动计划，重拳出击"治扬尘、治废烟、治尾气"。建成位于县气象局、钱江源、古田山和华埠镇的4个空气自动监测站，形成了"县—乡—村—景区"四级覆盖的大气环境监控网，全面开展有机废气、餐饮油烟、黄标车淘汰、农业大气污染防控等多项专项整治工作，明确项目实施内容、完成时限及责任单位，建立责任考核机制，积极组织开展大气污染防治宣传、专项治理、重点督查和联合执法等活动。同时，大力推进农业大气污染防控，总结推广秸秆综合利用模式，大力推广农作物秸秆肥料化、饲料化、能源化、基料化、原料化利用，农作物秸秆综合利用率达95.14%。

（三）打好“治土”持久战。积极开展土壤污染排查工作，推进被污染地块土壤治理，基本建成污染场地环境监管体系。医疗废物收集处置网络覆盖到村，建立病死病害动物无害化处置体系和乡镇收集点。落实企业环保主体责任，完成全县12家企业危险废物信息化监控平台建设，开展危险废物经营单位全过程管理。全县两家危废经营单位全部实行全过程动态监控管理和信息化监控系统建设。

三、坚持统筹兼顾，大力实施“三大生态工程”

县委、县政府深刻认识到开化的优势在于山水，出路也在于山水，牢固树立“保护绿水青山就是保护金山银山”的理念，大力实施“三大生态工程”建设，为实现“绿色崛起”提供根本保障。

（一）实施生态系统保护建设工程。坚持最严格的耕地保护制度，建立"以管控促保护、以建设促保护、以问责促保护"的耕地保护新模式，严守耕地和永久基本农田保护红线，连续25年实现耕地占补平衡；坚守生态保护红线，做好林地、湿地等生态用地保护工作。大力开展"一村万树"、国家公园锦绣行动等工作，2013年至2017年，共完成造林更新14.3万亩（合约95.33平方公里），主要通道两侧山体景观提升1.9万余亩（合约12.67平方公里），全县森林覆盖率从20世纪80年代初期的60.1%提高到目前的80.9%。加强生态公益林管护，创新三级管护模式，省级以上公益林达131.18万亩（合约874.53平方公里）。加强自然保护区建设，建成古田山国家级自然保护区，划定县级自然保护区（含小区）100个，全县仅生态公益林面积就高达874.5平方公里，占全县国土面积的39.1%。开展生物多样性调查与保护，境内生长栖息着黑麂、黑熊、中华鬣羚、长柄双花木等多种珍稀野生动植物，创新开展各项行动，通过政府机关、公益组织、广大群众三方携手，综合利用法律、道德、情感三种力量，做好宣传、保护、打击三项工作，构建全社会对野生动植物的立体保护网。

（二）实施水资源保护工程。编制完成《开化县农村饮用水水源保护范围划定方案》，详细规划全县13个饮用水水源地一、二级保护区红线，深入推进水源地保护区整治工作，联合水利、公安等部门开展定期巡查；持续推进农村安全饮水工程建设，2015年以来，全县饮用水水源地得到有效保护，村镇饮用水卫生合格率、集中式饮用水水源水质优良率均达标。建立河长制，实现全县所有河流塘库河（塘）长全覆盖，完成河长制信息系统建设，配备移动终端340余部，竖立河长牌700余块，在全省首创民间河长，组建352支共3800人参加的民间河长队伍，实现全民治水、全民监督。

（三）实施水土保持工程。坚持“预防为主，全面规划，综合治理，因地制宜，注重效益”的水土保持方针，扎实推进水土保持综合治理、生态修复等各项工作，建成全域水土流失综合防治体系，走出了一条水土保持支撑生态保护的可持续发展之路，1998至2015年累计治理水土流失面积298平方公里，综合治理程度达68%。大力发展节水灌溉，实施产业基地农田水利工程建设项目“以奖代补”形式，开展蔬菜、粮油等基地节水灌溉工程建设，提升农业灌溉用水有效利用率。

四、坚持绿色引领，着力发展“三大生态产业”

始终坚持生态富民的战略思维，以人民为中心，通过生态产业体系支撑，把绿水青山转化成老百姓的金山银山，形成以文化旅游产业为龙头、高效生态农业为基础、环境友好型工业为补充、现代服务业为支撑的现代生态产业体系。

（一）着力发展生态旅游业。以创建国家全域旅游示范区为主要载体，抓重点、补短板、强项目、重执行，不断推进文化旅游产业发展。率先建立“1＋3”旅游综合管理和综合执法模式，成立文化旅游委员会，建立旅游警察大队、旅游巡回法庭和旅游市场监管分局。持续推进“万村景区化”，推动乡村旅游提档升级，大力发展民宿经济，促进旅游产业由“门票经济”向“产业经济”转变，民宿床位突破1万余张，根宫佛国文化旅游区游客满意度跃居全省5A级旅游景区前5名。

（二）转型发展生态工业。坚持以生态文明理念引导工业企业自主创新、节能减排，积极发展生态工业，优先发展绿色型、低碳型产业，编制产业发展指导目录，优化产业空间布局。改造提升新能源、新材料、食品医药、轻工电子等传统产业，加快培育节能环保、生物信息、文化创意等新兴产业，用环境标准促使落后产能退出市场，以环境成本倒逼企业加快技术革新，十年共否决化工及有污染项目65个，总投资近100亿元。

（三）提升发展生态农业。农业生态化、标准化、品牌化、电商化“四化”同步发展，大力推进农旅、林旅、茶旅、文旅、体旅融合，使开化农产品走出大山、热销市场。以“一村一品”为抓手，大力发展创意农业、观光农业、休闲农业、设施农业，促进农业“接二连三”。布局“三线一区”创意农业观光路线，编制完成全国首个县域创意农业发展规划，成功创建全国乡村旅游与休闲农业示范县。

五、坚持全民共建，努力形成良好社会风尚

大力培育生态理念，深入推进生活方式绿色化，切实形成全民共治共建共创共享的生态文明建设工作大格局。

（一）着力培育生态理念。坚持生态文明理念与群众性精神文明创建有机融合。以植树节、“5·5”生态日、开茶节、根雕文化艺术节等生态文化节庆活动为载体，开展生态文明宣传主题活动，常态化推进钱江源生态鱼苗投放等生态保护活动，引导全社会形成“关注生态、爱护家园”的良好氛围。坚持将生态示范区建设与生态科普基地建设结合起来，建设集生态教育、生态科普、生态旅游、生态保护、生态恢复示范等功能于一体的生态景区。

（二）积极推进绿色生活。深入推行绿色生活。积极倡导绿色出行，把每月10日、20日定为“无车日”。推进绿色生产，引导生产生活方式绿色转型，实施加强宣传教育、开展专项行

动、引导绿色消费、加强激励约束、培植生态文化等五大重点任务，提升城镇新建绿色建筑比例、公众绿色出行率、节能节水器具普及率和政府绿色采购比例，公众生活方式绿色化理念明显加强，公众绿色生活自觉性显著提高，公众绿色生活方式习惯基本养成。全县基本实现生活方式和消费模式向勤俭节约、绿色低碳、文明健康转变，形成人人、事事、时时、处处崇尚生态文明社会的新风尚。

（三）大力弘扬生态文化。充分注重生态文化内涵的挖掘。加强生态文化比较研究，基本形成以"钱江源文化、根佛文化、龙顶茶文化、红色文化、养生文化、民俗文化"为主的县域特色生态文化体系。积极开展非遗文化的保护利用，先后有1个、18个、39个非遗项目分别列入国家、省、市级非物质文化遗产保护名录。实施了一批以根艺创业园为代表的生态文化工程。

未来，开化将坚决贯彻习近平生态文明思想，按照省第十四次党代会的要求，以"大花园"建设为目标，全域整治生态环境、全速发展生态经济、全面培育生态文化、全力创新生态制度，争当"两山"重要理念践行者，奋力率先走向社会主义生态文明新时代。

第六章

桐庐的实践与经验

桐庐县位于浙江省西北部，县域面积1825平方公里，呈“八山半水分半田”的地貌结构。桐庐有绝佳的自然风光，境内既有山的伟岸、水的灵韵、石的气势，又有林的秀色、洞的瑰丽和城的潇洒。特别是桐庐的母亲河——富春江，与长江三峡、桂林山水齐名，并称为“中国三大山水风光带”。桐庐也是千古名画《富春山居图》的实景地。桐庐有深厚的文化底蕴，是华夏中医药文化的发源地，是东亚隐逸文化的起源地，是“中国诗歌之乡”。桐庐有优越的区位条件，地处钱塘江中游，位于“三江两湖”（钱塘江、新安江、富春江、西湖、千岛湖）国家级风景名胜区黄金旅游线的中心地段。杭新景高速、320国道，05、16、20、23四条省道和富春江、分水江航道构成水陆交通干线，县城经杭新景高速到“杭州南”收费站约30分钟车程，到杭州萧山国际机场约1小时车程。2018年12月，杭黄高铁正式开通，桐庐与杭州主城区的时间、空间距离进一步“缩短”，区位优势更加凸显。接下来，杭温高铁将在桐庐新设“桐庐东站”，预计到2022年开通运行，桐庐今后可以直达杭州城西。

党的十八大作出“努力建设美丽中国，实现中华民族永续发展”的重大决策部署后，桐庐县提出“美丽中国、桐庐先行”目标并积极投身探索实践，这既是对建设“美丽中国”最直接的呼应，又是科学发展观在桐庐的具体实践。为进一步深化拓展“美丽桐庐”内涵，桐庐提出打造“生态美、城乡美、产业美、人文美、生活美”的“中国最美县”目标，出台《关于加快建设美丽桐庐的决定》与工作计划，使“美丽桐庐”建设走在前列。

第一节 桐庐的实践

桐庐在全国率先提出了“以景区的理念规划全县，以景点的要求建设镇村”的全域景区概念并付诸实践，以“风景桐庐”建设为抓手，围绕“最美县城、魅力城镇、美丽乡村”三大重点，深入推进“四边三化”、美丽公路、清洁桐庐等工作，逐步实现“全域景区化、镇村景点化”。

一、紧扣经济建设中心，致力推动高质量发展

桐庐是“最美县”，最美不仅美在“颜值”，也美在“内在”。桐庐始终将经济发展作为第一要务，深入实施“产业强县”战略，努力构建现代化经济体系，加快县域经济向都市圈经济转型，推动高质量发展。

（一）旗帜鲜明支持民营经济发展。桐庐和浙江大部分地

区一样，民营经济是经济发展的主体，民营企业强，产业才能强，民营企业稳，经济才能稳。桐庐积极贯彻习近平总书记在民营企业座谈会上的讲话精神，持续做优做实服务民营企业工作，大力支持民营经济高质量发展。比如，桐庐在全省首设“企业家日”，将每年12月27日定为“桐庐企业家日”。在这一天举行“五个一”系列活动，即“一场图片展、一次座谈会、一轮特色体检、一个招待晚宴、一台表彰晚会”，其中授予20名民营企业家“扎根桐庐坚守实业30年优秀企业家”称号。“企业家日”的各项活动也广受好评。不仅如此，桐庐还先后发布两批《桐庐县“关心关爱企业家、助企强企增活力”春风12条》，重在破解民营企业税费高、融资难、用工难等突出问题。同时，还创新设立“桐庐的早餐会”“桐庐的篮球赛”等服务载体，全方位打通政企交流绿色通道。一系列的举措，让企业有了实实在在的获得感，让企业家有了真真切切的归属感。

（二）全力以赴构建现代产业体系。桐庐十分重视制造业的支柱地位，把制造业高质量发展放在十分突出的位置上。在成功引进海康威视、英飞特等行业龙头企业的基础上，做足产业强链补链的文章，打造智慧安防、智能制造等百亿级产业集群。桐庐致力于推进制笔、针织、箱包等传统企业的数字化改造，打造产业升级标杆。同时，坚守情怀，久久为功，以打造长三角健康消费首选目的地为目标，坚定不移发展大健康产业。目前，生命科技、运动休闲、健康制造等产业基础不断夯实，发展已经初具规模。2019年5月，桐庐成功创建长三角地区首个国家级生命健康产业先行试验区，它将改善我国东部地区生命健康产业发展平台和高端产品不足问题。

桐庐是中国民营快递之乡，大家所熟知的“三通一达”（申通、圆通、中通、韵达）创始人都是桐庐人，目前，由桐庐籍民营企业家创办和管理的快递企业已达2500余家，分布在全国各地的配送网点2万余个，其中“三通一达”的市场份额占据全国民营快递行业近50%。桐庐依托这一独特优势，通过加大政策扶持，引进申通快递智能制造产业园、圆通国家工程实验室创新孵化基地、中通云谷等快递关联项目，推动快递关联产业有效集聚。全力打造中国（桐庐）快递产业服务园区、快递小镇等产业平台，拓展完善快递产业链，积极打造快递产业发展体系，快递产业发展势头良好，桐庐县正从“快递人之乡”向“快递产业之乡”迈进。

（三）持之以恒提升发展承载能力。目前，桐庐有富春江科技城、富春山健康城、迎春商务区这三大经济发展主平台，是全县经济发展贡献度最高和带动力最强的核心区域。接下来，桐庐以杭黄铁路的开通为契机，充分发挥高铁“同城效应”“集聚效应”“引导效应”，重点谋划打造沿铁路站场，规划总面积11.5平方公里，一期面积3.75平方公里的富春未来城。未来城的总体定位是打造“两城两地两区”：“两城”，即山水生态城、年轻活力城；“两地”，即创新要素集聚地、未来生活展示地；“两区”，即社会治理创新区、未来县域城市样板区。具体来说，也就是要营造自然生态蓝绿交织、人与自然和谐共生、高品位高幸福感的优质人居环境，着力打造“山水生态城”。要以最宜居的环境、最美好的梦想吸引年轻人，让年轻人成为未来城市的发展活力源和最核心的创新力量，着力打造“年轻活力城”。要着力招引集聚人才、项目、技术、科研机构等，为源头创新、技术转化、产业应用搭建平台和桥梁，着力打造“创新要素集聚地”。要构建以人为核心的未来发展模式，营造有归属感、舒适感和未来感的社区环境，着力打造“未来生活展示地”。要充分发挥“城市大脑”先行区优势，不断提升城市治理精细化、数字化、社会化水平，形成“细管、智管、众管”的共建共治共享模式，着力打造“社会治理创新区”。要将未来发展理念融入整个县域发展体系，让城市的体验更具吸引力，让城市公共设施的配置更高效，让城市功能内容的定制更精准，着力打造"未来县域城市样板区"。2019年5月29日，桐庐召开了全县范围的富春未来城开发建设工作动员大会，将按照"一年打基础、三年见成效、五年基本建成"的计划推进一期核心区的开发建设。

二、扛起美丽生态大旗，打造更高颜值的魅力桐庐

近年来，桐庐因优质的生态、美丽的城乡而名声远播。良好生态是桐庐发展的根基，也是桐庐发展最核心的竞争力。桐庐一直像保护眼睛一样保护生态环境，像对待生命一样对待生态环境。在保护的基础上，打造桐庐高颜值的城乡面貌。

（一）在规划建设上下真功。在规划上，桐庐把整个桐庐县域作为一个大景区来打造，以景区的理念规划全县，以景点的要求建设城镇和农村，打造现代版的《富春山居图》和桃花源。在紧密对接省市有关规划的基础上，着力做优新一轮县域总规修编，做深多规融合，增强规划设计的系统性、前瞻性、实效性，用独特匠心营造别有韵味的城乡风貌。在建设中，桐庐始终倡导现代城市美学，全面推进城市老旧小区、低效空间、交通轴线、文化遗存、生态系统有机更新，有序推进"城中村"拆迁改造，进一步完善城市功能、破解治理瓶颈。

（二）在环境治理上动真格。2003年以来，桐庐就以“千村示范、万村整治”工程为主抓手，从百姓最关心、受益最直接的实际问题入手，全力打好生态治理“组合拳”。（1）深化“五水共治”（指“治污水、防洪水、排涝水、保供水、抓节水”五指成拳，一起发力）。全面实行河长制，开展农村环境连片整治、重污染行业整治、小微水体整治，全县83条河流全部达到Ⅲ类水质以上，其中Ⅰ、Ⅱ类水质比例达86.7%以上，实现全县域、全天候消灭Ⅳ类及以下水体，富春江出境断面水质更是连续12年实现优于入境断面水质。（2）深化垃圾分类。桐庐按照“政府推动、群众主体、市场反哺、城乡一体”的思路，推进农村生活垃圾减量化、资源化利用，全县所有农村人口全部参与垃圾分类，垃圾分类正确率稳定在85%左右，资源化处置设施实现全覆盖。城区实行生活垃圾分类的生活小区覆盖率超过90%，机关事业单位垃圾分类覆盖率达100%。（3）深化“三改一拆”（即开展旧住宅区、旧厂区、城中村改造和拆除违法建筑）。桐庐重点做好“控、拆、用、保、稳”五篇文章，做到了城乡风貌、建设秩序的管控。“控”，即通过网格化巡查、全社会监督、强化源头管控，把好违建源头关；“拆”，即打好拆除“一户多宅”、公路两边、河道两边、宗教场所、养殖场、其他既有违建等六大类违建攻坚战，2018年成功创建全省第二批“无违建县”；“用”，即按照“宜耕则耕、宜建则建、宜绿则绿”原则，做好拆后土地利用，拆后利用率94.1%，并有效解决农民建房难问题；“保”，即在拆除违法建筑和“一户多宅”清理整治中，坚持“有拆有保”，按照“三个有”的原则（有乡土特色、有文物价值、有历史遗存），对50年以上的老房子进行挂牌保护，在不违法、不影响规划、不私用的前提下，加强历史建筑的保护与管理；“稳”，即通过政策宣传到位、方法程序到位、信访处置到位，确保社会和谐稳定，做到无违创建，要让群众笑，不让群众叫。

（三）在科学管理上求突破。在城市管理方面，桐庐着眼构建“大城管”格局，统筹协调建设、规划、市政、交警、环卫、环保等部门，实行统一指挥、网格管理、高效运行。充分应用先进技术手段，大力推进信息化、智能化、现代化城市管理，把管理细化到每一条道路、每一个社区、每一幢楼宇。全面巩固城市管理无占道经营、无乱停车辆、无暴露垃圾、无乱贴广告、无乱搭乱建等“五无”成果，积极探索城市管理新机制、新手段、新方法，持续提升城市精细化管理水平。在镇村管理方面，桐庐统筹推进城乡建设管理一体化，加快“数字城管”向中心集镇延伸，加强集镇市容市貌管理，切实做好“四边三化”“控违拆违”等工作。结合美丽乡村全覆盖工程，深入开展“清洁桐庐”活动，开展小城镇建设评比竞赛，实施美丽乡村“双十工程”，巩固深化生活垃圾生态化处置、农村生活污水处理等优势品牌工作，深化“清洁桐庐”网格化、精细化管理制度，全面提升城乡环境面貌和管理水平。

三、扛起改革创新大旗，实现更高效率的动能转换

改革是桐庐经济社会发展的不竭动力，也是近年来桐庐各项工作富有特色亮点和卓有成效的内在原因。在推动各领域多维度改革的过程中，桐庐遇到过无数的痛点、堵点、难点，但通过努力，桐庐也尝到了改革成果的甘甜。

“最多跑一次”改革是以人民为中心的发展思想和“放管服”改革在浙江大地的具体实践，是再创浙江体制机制新优势和释放乡村振兴活力的重要路径。经过这几年的实施，这项改革已经产生了重要影响。桐庐在这场改革中的定位是争当全省“最多跑一次”改革的排头兵，持续走在全国“放管服”改革前列。桐庐坚持以企业和群众的获得感为衡量标准，不断将“最多跑一次”改革推向纵深。2017年，浙江省人大常委会还专门作出了

《关于推进和保障桐庐县深化“最多跑一次”改革的决定》。2018年，桐庐县“最多跑一次”满意率、实现率和综合考核均位居全省第二。

在企业投资领域，桐庐在全省首创企业投资项目“一站式”服务中心，通过“一站式”创新服务管理方式，创设“三全四制”（三全：投资项目全进入、涉审事项全委托、服务全生命周期；四制：标准地出让制、联合中介制、联审会议审批制、准承诺制）运作模式，有效破解了投资项目“审批不协同、部门成藩篱”等难题，企业投资项目从拿地到开工仅需42天。“桐庐县投资项目‘三全四制’审批服务模式创新”还作为全省26条改革典型经验之一在全省复制推广。这一项改革也先后获得省委书记车俊、省长袁家军等领导的批示肯定。在商事登记领域，桐庐持续压缩企业开办时间，率先实现企业开办“一窗一次、一般一天、最多三天”。在便民服务领域，桐庐全力打造“全省示范性县域行政服务中心”，推出“跑长制”，率先推出15分钟政务服务圈和微信办事地图系统，基本实现“小事不出村、大事不出镇”，群众凭个人身份证明即可办理事项达324件，极大提升农村百姓的获得感和幸福感。在改革与法律法规融合方面，桐庐系统开展法律法规梳理工作，首批梳理出的问题清单成为浙江建议，经中央深改委第三次会议审议通过。改革经验被吸纳进《浙江省保障“最多跑一次”改革规定》。

四、扛起乡村振兴大旗，推动更高版本的乡村发展

在桐庐，有一半以上的人身处乡村，乡村的发展牵动着桐庐的整体发展。“打造新时代乡村生活样板地、争创全国乡村振兴示范县”就是桐庐的总目标。“打造新时代乡村生活样板地”是总体定位，“新时代”指的是一条时间轴，“乡村生活”指的是一种理念，要从抓以“千村示范、万村整治”工程的1.0版、美丽乡村2.0版的人居环境改善为主，转变为打造以人为出发点、立足点、着眼点的满足人更高需求层次的美丽乡村3.0版。

什么才是“新时代乡村生活样板地”？概括起来是二十字的总要求：“经济美丽、全域景区、人人文明、崇德尚法、幸福向往。”这是对党的十九大提出的乡村振兴战略的“产业兴旺、生态宜居、乡风文明、治理有效、生活富裕”二十字总战略的回应，也是对历年来桐庐“三农”工作的成果总结和特色提炼，更是今后桐庐“三农”工作要坚持的方向。所谓“经济美丽”，就是一、二、三产业融合的乡村经济，就是“绿水青山就是金山银山”的转化通道，就是更加绿色生态、更有效率的经济发展方

式。所谓“全域景区”，就是以景区的理念规划全县，以景点的要求建设镇村，打造“千万工程”升级版，建设更加宜居的农村人居环境。所谓“人人文明”，就是以全国新时代文明实践中心建设试点为载体，推动桐庐淳朴的乡村文化转化为人人践行文明的内在自觉。所谓“崇德尚法”，就是构建乡村法治、德治、自治为一体的社会治理模式，营造风清气正的农村政治社会环境，更加突显县域法治的治理成效。所谓“幸福向往”，就是在物质富裕基础上更高层次的需求，就是最具幸福感，就是过人们向往的生活。要打造新时代乡村生活样板地，必须要以创建全国乡村振兴示范县为总抓手、总载体，高品质建设以“规划引领、产业兴旺、文化振兴、人的回归”为重点的美丽乡村3.0版。

作为国家级乡村振兴规划建设试点县，桐庐特别注重高品质的乡村规划，建立了以村庄布点规划和乡村建设规划为总纲、以特色专项规划为核心、以村庄规划为支撑、以村庄设计为补充的美丽乡村规划体系。在高品质乡村规划的引领下，桐庐的美丽乡村建设持续深入，成效显著。

（一）聚焦“产业美”，增强内生动力。（1）建好村落景区。桐庐充分挖掘美丽乡村、特色产业、文化遗存等优势资源，规划建设村落景区，发展乡村大旅游。依托环溪、荻浦、深澳等古村落群，成功打造了国家4A级旅游景区——江南古村落风景区；建成了梅蓉、新龙等一批3A级村落景区。随着被誉为“世界级黄金旅游线”的杭黄铁路开通，2018年全县接待游客人次、旅游业总收入分别达到1720.7万人次、190.5亿元，增长12.5%、18.4%，其中乡村旅游接待游客1117.1万人次，收入9.06亿元。（2）发展民宿经济。桐庐推进“20＋1＋X”民宿示范村培育计划，在全市率先推进民宿持证经营。目前，全县拥有20余个民宿示范村，经营户达到600余户，总床位近万张。其中精品民宿30余家，天空之城、秘境、静庐·澜栅、云夕·戴家山等精品民宿，每逢节假日，“一房难求”，“宿在桐庐”品牌不断打响。（3）做强特色产业。桐庐紧扣“人、地、钱”三大关键要素，推动村庄经营，让农村成为百姓增收致富的创业新平台。强化“旅游＋”思维，促进旅游与一、二、三产业融合发展。如：依托蓝莓、蜜桃、樱桃等特色农业，开发农业观光、农事体验等“旅游＋农业”项目；依托中医药文化、富春耕读文化、诗词文化等文化资源，推出养生休闲、民俗体验等精品旅游线路。桐庐还成功引进日本“大地艺术节”。2019年5月31日，桐庐（富春江）大地艺术节新闻发布会隆重举行，成立了桐庐大地艺术节共创联盟，发布了首批桐庐大地艺术节领创项目。“大地艺术节”

的开办也是桐庐努力开创文化艺术带动乡村振兴、促进"三农"发展的模式探索，相信在不久的将来会有一份喜人的答卷。

（二）聚焦"乡风美"，提升内涵气质。（1）坚持保护为先。在美丽乡村建设中，桐庐力求精致精美，不搞大拆大建，着力留住"田味、野味、农味"。近年来投入资金达8000多万元，开展历史文化村落保护、历史建筑维修工程、"千村档案"建设工作，对全县50年以上的老房子进行挂牌保护。全县拥有深澳村、茆坪村2个国家级历史文化名村和8个省级历史文化名村。（2）坚持惠民为本。深入开展"种文化"活动，全县已建成126家农村文化礼堂，行政村覆盖率达到69%。每年开展"百村千场"文化下乡活动1000余场、送电影下乡2400余场。实现农家书屋全覆盖，推动"书香桐庐"建设向村级延伸。（3）坚持文明为重。加强农村民俗、民情、民间文化资源的挖掘整理、保护创新，形成越剧、故事、小品、剪纸等四大特色文化。

（三）聚焦"和谐美"，共筑幸福生活。一方面，着力增进民生福祉。始终坚持以人为本、民生优先，努力把更多的政策、资源、财力向"三农"倾斜。目前全县行政村公路通村率和通村公路硬化率均达100%，全面形成县域内1小时交通圈，荣膺国家级"四好农村路"示范县。全面构建"三位一体"农村居家养老服务模式，农村基本实现“有设施养老、有人员敬老、有经费助老”。特色“微型养老机构+X”模式被收录进央视十九大献礼片《辉煌中国》。另一方面，着手创新社会治理。坚持把美丽乡村建设与基层治理同步推进、同步落实。开展基层社会稳定“一体两翼”工作体系建设，加快推进社会治理综合服务中心建设，深化乡镇（街道）“四个平台”“全科网格”建设；培育村级自治组织，村级商会、村级慈善组织完成乡镇全覆盖；强化基层自治，形成“花厅议事”“幸福文明积分银行”“农家议事会”等特色亮点。以“无讼无访村（社区）”、民主法治村（社区）创建为抓手，推进乡村学法、知法、懂法、用法。

五、扛起文化文明大旗，培育更高层次的文化自信

文化是桐庐的根与魂，近年来，桐庐牢固树立“文化强则县域强”的理念，不断深化“文化名县”工程建设，切实增强文化自信自觉，进一步提升发展软实力。

（一）文明风尚蔚然成风。桐庐是全国文明城市创建单位，也是杭州唯一的全国新时代文明实践中心建设试点县。桐庐不断巩固发展全国文明城市创建成果，推动“最美现象”成为普遍现象，礼让斑马线、文明城市共管成为常态，逐步形成了融

思想引领、道德教化、文化传承、法治融合于一体的文明建设格局。桐庐创造性地推进新时代文明实践中心试点建设工作，深入践行社会主义核心价值观，按照"更融合、更联动、更智慧、更美好"的要求，以志愿服务为基本形式，将智慧治理、网格化管理、信息化服务等与文明实践紧密结合。比如，桐庐组建了风尚引领、红色传扬、素质提升等5个志愿服务支队，共28支小队，明确每月5日、25日为新时代文明实践日，开展"巩固文明城、服务在身边"等主题志愿服务活动。

（二）文化事业百花齐放。桐庐积极推动最具特色的中医药文化、隐逸文化、诗词文化等优秀传统文化创造转化、创新发展。成功创建"中国故事之乡""中国诗歌之乡"，举办了药祖桐君中医药文化节、中国范仲淹国际学术大会等大型活动，积极打造"唐诗西路"景观带，举办杭州冰雪运动节、全民运动节、国际半程马拉松赛、横渡富春江游泳挑战赛等一批有影响力的群众文体活动，努力建设更具获得感的城乡公共文化服务体系。激活社会力量参与文化事业，充分发挥中通体育基金的作用，促进体育事业发展。充分发挥圆通公益基金，助力安老、帮困、扶幼、助学等公益性活动。

（三）文创产业方兴未艾。桐庐坚持"文化+"发展理念，抓好两个结合。（1）文化与旅游结合，立足“诗乡画城、潇洒桐庐”品牌定位，以地域文化、民俗风情、山水特色为主题，积极开发旅游演艺产品，推动演艺产业和旅游产业协同发展，全力打造全域化山水版影视基地。（2）文创与农业结合，将科技和文创要素融入农业生产，进一步拓展农业功能，积极开发具有桐庐特色和文化内涵的创意农业产品和特色农事节庆活动，加快建设集农耕体验、田园观光、文化创意等于一体的休闲农业创意园、农业主题公园，发展现代高效生态农业。

六、扛起民生幸福大旗，共创更高品质的美好生活

民生是民之所望、政之所向。桐庐始终坚持民生导向不动摇，把以人民为中心的发展思想落到实践中，处理好尽力而为与量力而行、“雪中送炭”与“锦上添花”、政府主导与群众主体之间的关系，从必须办、办得了、办得好的事情做起，一件接着一件办、一年接着一年干，让群众看到变化、得到实惠。深化推行“民生实事项目人大代表票决制”，每年推进十大民生实事项目。在群众最关心的医疗和教育领域，持续加大财政投入力度，支持社会力量办学，着力引进优质教育资源，不断提高教师地位待遇。深化健康桐庐建设，持续推进医疗便民服务领域“最多跑

一次”改革，积极引入优质资源，规范医疗机构管理，着力解决看病难、看病贵、看病烦等问题，全面推进县第一人民医院、县妇幼保健院迁建工程，全方位提升就医硬件。通过各方努力，桐庐的民生事业每年都上一个新台阶。

2019年桐庐有两件民生大事。

（一）召开教育大会。孩子的教育是所有家庭的头等大事。近年来，桐庐积极回应百姓呼声，为了能有更多的孩子考入像浙江大学这样的名校，在提升教育高质量发展上不遗余力。2018年度预算内财政收入的四分之一左右用作教育，达到25.09%。桐庐教育的社会满意率也从87.23%提升到了95.18%。2019年4月28日，桐庐县召开全县教育大会。会上，桐庐县教育发展基金会正式发布，首期募集教育发展资金5000万元。桐庐的具体做法是：（1）成立一个基金。引导企业家回馈社会、回报桑梓。成立桐庐教育发展基金会，首期募集教育发展资金5000万元，其中桐庐快递企业“三通一达”捐赠4000万元，杭州浙富科技有限公司等14家单位和个人在全县教育大会上一次性捐赠1000余万元。基金将专项用于优秀教育人才的引进和优秀教师的奖励。（2）落实两大机制。建立健全以政府投入为主、多渠道筹措教育经费的机制，加大教育投入，保障教育发展。推动教育工作组织领导机制建设，实施县长专题讨论教育会议制度，每年定期专题着力研究、解决教育发展中的重大问题，凝聚教育发展合力。（3）出台三个文件。制定出台《加快桐庐教育高质量发展实施意见》《“美好教育”的桐庐行动——加快桐庐教育高质量发展行动方案（2019—2022）》《关于进一步完善教育人才引进政策的若干意见》等政策文件，为桐庐破解教育发展瓶颈，助推教育事业高质量发展提供政策保障。（4）促成四项合作。一是聘任浙江师范大学党委书记蒋国俊、华东师范大学副校长戴立益等教育专家为桐庐的教育顾问，为桐庐教育发展筑强外脑。二是与浙江师范大学签订教育合作框架协议，开展基础教育合作办学，共建教师培训基地等多个项目。三是与杭州桐庐恒泽投资有限公司签订华东师范大学附属桐庐双语学校投资协议，创新政企校三方合作办学模式。华东师范大学附属桐庐双语学校落户桐庐，填补了桐庐双语教育的空白。四是杭州建兰中学与桐庐叶浅予中学签订合作办学协议。目前，桐庐县包括叶浅予中学在内的6所中小学加入了杭城名校集团，开展紧密型合作办学，形成从小学到高中系统性集团化办学模式。

（二）开展“桐庐百姓日”。1949年5月6日是桐庐的解放日，桐庐从2012年开始把每年的这一天定为“桐庐百姓日”。

2019年是第八个“桐庐百姓日”，全县上下开展了200余项民生活动。与往年相比，除了保持原来的“政府开放日”“恳谈会”等之外，2019年“百姓日”，举行了“万人大宣誓”，既有以“全面依法治县”和建设“县域法治首善之区”为主题的公职人员宣誓，也有民兵、志愿者等多个群体的宣誓。开展了“文明我践行、垃圾不落地”活动，“百姓日”当天，让全体环卫工人放假一天，免费乘高铁参观G20峰会会场、游览县内景点；由县委书记和县长带领所有公职人员履行环卫工人职责，在全城大街小巷进行清洁保洁工作。

不仅如此，桐庐按照“百姓有获得感、财政能承受”的原则，在“百姓日”当天出台“惠民七条”，概括起来为“两个红包、两个礼包、两个全覆盖、一项补贴”。“两个红包”：（1）新生儿红包。2019年5月6日0时（含）以后出生，且父母（双方或一方）为桐庐户籍的新生儿，每人发放1000元新生儿红包和一份银质纪念品。（2）老年人春节红包。全县60周岁以上享受城乡居民社会养老保险基础养老金的老年人，每人发放春节红包1000元。“两个礼包”：（1）市民出行礼包。桐庐非营利性（非营运）车辆，在县内道路通行费全免，2019年年底前撤销320国道桐庐收费站；桐庐籍居民刷卡乘坐县内城乡公交实行半价优惠。（2）助残礼包。桐庐户籍持证残疾人参加城乡居民基本养老保险的，按最低档个人缴费部分由财政全额补助；参加城乡居民基本医疗保险的，个人缴费部分由财政全额补助。“两个全覆盖”：（1）学后托管全覆盖。从2019年起，每年财政安排适当资金，为全县小学1—3年级有刚需的学生开展学后托管服务项目。（2）“夕阳红”供餐服务全覆盖。依托中心村老年食堂，建立覆盖本村和周边村自行就餐困难老年人的配送餐服务制度，实行区域性供餐新模式。“一项补贴”，指环卫工人岗位补贴。县乡（镇）两级聘用的环卫工人（含政府购买服务人员），每人每月发放100元的岗位补贴。

桐庐坚持“宁可政府过紧日子，也要让百姓过好日子”的理念，在打造“民生财政”的同时，坚持保障“底线民生”，发展“基本民生”，解决“热点民生”，最终实现“幸福民生”全覆盖。

七、重点强化两个保障，确保各项事业的高质量推进

（一）突出党建统领地位，打造“一流施工队。推动桐庐高质量发展和“最美县”建设关键在党，核心在人。桐庐全面落实新时代党的建设总要求和党的组织路线，积极响应杭州市委

打造"干好一一六、当好排头兵"的"施工队"号召，更好发挥"头雁"作用。制定出台"两抓两转"20条意见，强化领导率先垂范，破解基层难题，转变工作作风，提振干部队伍精气神，进一步助推了全县各级党员干部和公职人员形成"天天都是拼搏日、季季都是奋发季"的创业氛围，汇聚起推动改革发展的强大正能量。同时，桐庐专门成立了协调解决基层难点、堵点问题的"县基层办"，通过实体化运作，突出破难减负，打通服务基层"最后一公里"，切实做到"基层有困难可以求助，有异议可以申诉，有意见可以投诉"。

（二）强化依法治县，努力打造县域法治首善之区。法治建设是推进桐庐高质量发展的重要基石和保障，是推进治理体系和治理能力现代化的重要途径。近年来，桐庐认真贯彻中央和省、市委的统一部署，扎实推进法治建设，依法行政工作逐步规范，法治政府建设不断深化，司法体制改革深入实施，连续三年在杭州市依法行政目标考核中排名第一，连续三年被评为浙江省法治政府建设先进单位，获得省创建法治县（市、区）先进单位等荣誉，并在全省预防和化解行政争议工作第九次联席会议暨法治政府建设推进会上做了典型交流发言，受邀参加司法部行政复议体制改革座谈会。桐庐扎实推进五项工作走在前列：

（1）法治理念培育走在前列。桐庐抓住公职人员特别是领导干部这一“关键少数”，全面实施法治意识提升工程。建立政府常务会议学法制度，截至目前，已组织政府常务会议学法57次，在全县范围内形成浓厚的学法氛围。（2）科学民主决策走在前列。桐庐严格贯彻落实《重大决策程序的规定》《“三重一大”事项集体决策制度实施办法》，全面规范行政决策运行机制，实现“三个率先”：率先实现重大行政决策目录化管理、决策程序全过程留痕；率先推出全流程决策程序审核，实现重大决策事项、规范性文件、政府和重大招商平台对外签订的各类协议合同“三个”合法性审核全覆盖；率先建立决策评估和责任追究制度，违法决策、不当决策、拖延决策明显减少并得到及时纠正，行政决策公信力和执行力大幅提升。（3）规范执法、公正司法走在前列。扎实推进行政执法公示、执法全过程记录、重大行政执法决定法制审核等工作，行政机关文明执法、规范执法的能力水平日益提升，成为杭州地区行政诉讼案件最少的区域。以县诉讼服务中心为依托，为群众提供“一站式、综合性、全方位”的诉讼服务，让群众有了更多更好的司法获得感。（4）基层依法治理走在前列。以省基层社会治理机制创新试点县为抓手，打造县级“智慧治理大联动”平台。深入推进“大调解”工作。依托县大调解中心、“无讼无访村（社区）”创建和行政复议体制改革，建立“5+X”矛盾争议纠纷化解机制。持续健全普法宣传教育机制，打响“小桐普法”桐庐品牌。全面建成县、乡、村三级公共法律服务体系实体平台，实现镇村公共法律服务站（点）全覆盖。（5）法治保障改革走在前列。紧抓省人大常委会出台《关于推进和保障桐庐县深化“最多跑一次”改革的决定》机遇，推动18项改革制度的落地；建立“一个部门化争议”机制，深入开展法律法规梳理工作，为全国法治建设做出了桐庐贡献；开展“一件事”标准化建设，完成企业群众办理“一件事”标准件1472件；全面参与企业投资项目、商事登记改革的法律风险论证，为纵深推进改革提供法律支撑。

第二节　桐庐的经验

党的十八大报告提出，建设生态文明，是关系人民福祉、关乎民族未来的长远大计。坚持绿色发展，是引领中国走向永续发展、“美丽中国”建设的新指针。以此为引领，桐庐县坚持绿色发展理念，在大力实践“两山”理念的发展过程中，立足自身丰富的资源禀赋和良好的发展基础，做足“美”的文章，抓住生态文明时代山区县域发展的重大机遇，将“风景”变成“产业”，把“美丽”转化成“生产力”，为全面建设“美丽中国”提供可资借鉴的经验和做法。

一、坚持规划先行，一张蓝图绘到底

几年来，桐庐县始终坚持以规划为龙头，充分认识到规划作为一种政治范畴概念的重要意义，以规划引领发展，将规划转化为生产力、财富，“美丽中国”的桐庐样本在井然有序的规划中水到渠成。结合桐庐全县实际情况，编制不同的发展规划，充分体现城市与乡村规划的不同特点。正是坚持规划先行的理念，才使五年来的建设有据可循、有规可依，避免了在建设中的漫无目的、铺张浪费以及重复建设。同时，桐庐县主要领导始终秉承“成功不必在我，而功力必不唐捐”的无私奉献精神，坚持一张蓝图绘到底，一届接着一届干，保证了桐庐发展方向的一致性。桐庐样本的成功树立不仅源于政策的延续性，还源于政策的可发展性。在大方向一致的前提下，将“与时俱进、实事求是”贯穿于工作始终，赋予了政策延续更强的新的生命力，进一步助推桐庐样本的开花结果。

二、坚持生态立县，夯实桐庐发展的根基

桐庐发展靠生态，出彩在生态。"生态立县"始终是桐庐坚持的发展理念，沿着"绿水青山就是金山银山"的路子，坚持绿色强县、绿色富县、绿色富民，全面推进"美丽桐庐"建设，使"山水间的生态文明诗，现代版的富春山居图"名至实归。桐庐的经验表明，在有生态优势的区域，要坚定不移走"绿水青山就是金山银山"的发展之路，坚持生态倒逼机制，像保护眼睛一样保护生态环境这一易碎品、奢侈品，持续建设生态文明，并不断深入拓展"两山"转化路径，推进生态效益、经济效益和社会效益三者融合共进，努力把绿水青山护得更好，努力把"金山银山"做得更大，再造绿色发展新优势。

三、坚持产业强县，增强桐庐发展的动力

产业是县域经济持续发展和城乡统筹深入推进的基础和关键。几年来，桐庐牢牢抓住产业这一发展核心，把创新创业作为核心动力。桐庐的实践证明，坚持美丽就是生产力，以此可以加快构建现代产业体系。因此，要充分挖掘和利用生态优势，做深"生态＋"的文章，才能够在持续优化自然生态系统的同时，将

产业链、创新链和价值链逐步完善；在产业定位和发展上看得远、谋得深、抓得实，驰而不息打造产业生态系统，推动生态产业化、产业生态化，通过产业提升筑牢民富县强的物质基础；要深入研究探索生态优势转化为发展优势、产业优势的路径通道，依托各类山水资源、品牌资源、平台资源发展低碳经济和绿色经济，促进自然与人文融合、生态与产业对接，培育生态经济新业态，发展美丽经济。

四、坚持全民兴县，优化桐庐发展的机制

坚持全民兴县，就是让政府有形之手、市场无形之手和百姓勤劳之手“三手”融合发力。发展为了人民，发展依靠人民，发展成果为人民共享。近年来，桐庐建设能够取得如此瞩目的成就，离不开全县人民的认可、支持与参与。桐庐发展中始终坚持民生为先、惠民利民不动摇，既量力而行又尽力而为，既要加大政府公共服务供给，又要更加强化群众主体担当，让全县人民在共建共享中实现获得感和幸福感的新提升。首先突出以民为先，切实保障基本民生。民生事业巩固基本性、增强保障性、提高均衡性，坚守底线、突出重点、完善制度，着力在人民群众关心的教育、医疗、社保、食品安全、交通出行、城市管理等问题上作

出更有效的制度安排，并注重普惠平衡，不断优化公共服务，真正做到惠民、利民。其次突出群众主体，积极创新社会治理。在和谐桐庐建设中深化全省基层社会治理创新试点县建设，推进大党建统领下的社会治理，充分发挥基层网格党建作用。桐庐创新运用政府治理和基层自治良性互动的社会治理方式，用事实证明了智慧治理有助于提升民众幸福感。

几年来，桐庐始终坚持在推动经济发展的同时，把保护好美丽的山水放在第一位，以发展护生态，以生态促发展。县委、县政府及全县各族人民以"两山"理念为标尺，以山清水秀民富县强的"美丽中国"桐庐样本为目标，始终坚持发展为了人民、发展依靠人民、发展成果由人民共享，在全民兴县的氛围中提升了桐庐的美誉度和知名度。桐庐的发展表明"两山"理念无论在理论上还是实践中都是可行的，桐庐的实践对于推动"美丽中国"在现实的落地生根有着极强的示范推动作用。

第七章

浦江的实践与经验

浦江县始终坚持生态立县战略，发展生态经济，认真践行“绿水青山就是金山银山”理念，推进生态文明体制改革，全力打造水晶之都、田园新城、诗画浦江。

以五水共治为突破口，唤回绿水青山。浦阳江上仙屋出境断面水质从整治前的连续八年劣Ⅴ类稳定提升到Ⅲ类，51条支流水质全部达到Ⅲ类或优于Ⅲ类，连续四年捧获浙江省“五水共治”最高奖项“大禹鼎”。浦江县2017、2018年连续两年“五水共治”工作群众满意度位列全省第一。近年来，浦江县生态环境质量公众满意度从连续六年全省倒数第一到连续三年稳居全省前五，荣获省政府“千万工程”和“美丽浙江”建设集体三等功，成功创建首批国家生态文明建设示范县，成功入围第十届中华环境优秀奖，生态环境治理模式和成果得到联合国前副秘书长埃里克·索尔海姆的盛赞，基层代表应邀参加联合国“地球卫士奖”颁奖典礼。

以优美生态为支撑点，撬动乡村振兴。浦江县以“点上出彩、线上成景、面上美丽”的美丽乡村建设思路，大力实施乡村振兴战略，开创兴农富民新局面。被评为全国休闲农业与乡村旅游示范县，成功创建首批省级美丽乡村示范县。

以绿色经济为驱动力，推动高质量发展。2016年，浦江县水晶产值和税收分别达到整治前的1.6倍和6.7倍；旅游收入连续三年增幅达到65%以上；2018年，城乡常住居民人均可支配收入比上年分别增长7.4%和9.5%。

第一节　浦江的实践

“生态兴则文明兴，生态衰则文明衰。”党的十八大以来，浦江县委、县政府高度重视生态文明建设，坚持生态立县战略，认真践行习近平总书记“绿水青山就是金山银山”的发展理念，按照浙江省委、省政府的决策部署，以“五水共治”为突破口，以“千村示范、万村整治”为着力点，相继开展了“三改一拆”“四边三化”“两路两侧”“美丽乡村建设”等一系列行动，实现城乡面貌由脏乱差到洁净美的转变，基层环境由乱到治的回归，产业发展由分散污染向集聚生态的升级，走上一条绿色发展的道路。成功创建全国首批生态文明建设示范县、全国休闲农业与乡村旅游示范县、全国首批农村生活垃圾分类及资源化利用示范县、全国十佳生态休闲旅游城市、全国“四好农村路”示范县、全省首批美丽乡村示范县，入围第十届中华环境奖，成为中国社科院、中共浙江省委党校等专家眼里的“浦江样本”。

2018年9月，浙江省“千村示范、万村整治”工程荣获联合国最高环保荣誉——“地球卫士奖”中的“激励与行动奖”。来自浦江县、安吉县、宁海县、淳安县、新昌县的5位基层代表，赴纽约颁奖典礼现场见证精彩时刻。联合国前副秘书长兼环境规划署执行主任埃里克·索尔海姆说：“我在浙江浦江和安吉看到的，就是未来中国的模样，甚至是未来世界的模样。”

一、抓污染防治，解决突出的环境污染问题

六年前的浦江，22000多家水晶污染加工户、600多万平方米的违法建筑遍布城乡，462条“牛奶河”、577条“垃圾河”触目惊心，是浙江环境最差、违建最严重、信访最严重的县之一。浦江在浙江省委省政府和金华市委市政府的领导下，以破釜沉舟、刮骨疗毒的决心和胆魄，打响了浙江治水第一枪。

污染在水里，根源在岸上。面对水之患，浦江定下铁腕治污调子：“治乱用重典，矫枉要过正。”打响了一场轰轰烈烈的家园保卫战。

（一）全方位开展水晶整治。始终坚持“哪条法规硬就用哪条法规套，哪个部门处理快就叫哪个部门来，哪支队伍强就叫哪支队伍上”的原则，形成综合执法、立体打击的高压态势。由

环保部门牵头在夜里开展“清水零点行动”，依照环保有关法律法规关闭5578家偷排直排加工户；由工商部门牵头在白天开展“金色阳光行动”，运用工商法律法规关闭9203家无证无照非法经营的污染户；按照国土法律法规，拆除污染违建145万平方米，综合运用消防、安全等法律法规，累计关停水晶污染加工户21520家。所剩的526家水晶企业全部集中到五大工业园区，实现了“园区集聚、统一治污、产业提升”的目标。

（二）全面完成重污染高耗能行业整治。对电镀、印染、造纸、化工等重污染企业实行动态淘汰管理制，一次发现整改、二次发现关闭。建立联系企业制，完善企业刷卡排污制度，同时通过实行排污权有偿使用和交易，切实减少污染物排放。全县42家企业关停并转23家，完成整治提升19家，关停率达55%。通过整治，四大行业废水年排放量约减少640万吨。

（三）深入开展畜禽养殖业污染整治。编制畜禽养殖业区域规划，明确划分宜养、限养、禁养区，禁养区内养殖场全部关停，非禁养区的养殖场实行网格化管理，严格落实雨污分流和干湿分离，累计关停养殖场775家，减少生猪77357头。出台《关于畜禽养殖排泄物资源化利用工作意见》和《浦江县畜禽排泄物应用配送服务体系建设工作细则》，按照农牧结合、就近就地消纳的原则，建立健全畜禽排泄物资源化配送体系，形成种养结合的生态农业循环模式，在全省率先实现畜禽排泄物100%零排放、100%资源化利用。

强力治水，唤回了绿水青山。2014年，全面消灭境内462条“牛奶河”、577条“垃圾河”，从第一届开始连续四年捧得浙江省“五水共治”工作优秀县（市、区）“大禹鼎”。2016年4月，全国水环境综合整治现场会在浦江召开，浦江治水工作获得环保部主要领导和全国各地参会领导点赞。

二、抓项目建设，形成可学习可推广的浦江经验

项目建设是科学治水的关键。浦江提出“一天都不耽误、一点都不马虎”的口号，全面推进项目建设。

（一）高标准实现城镇截污纳管全覆盖。引进国内先进的CIPP整体内衬非开挖修复技术，加强城区、老旧小区管道修复。引进先进的检查检测技术，所有新建管道做到“完成一个标段，跟进检测一个标段”，检测率达100%。同步跟进管网竣工测绘，建立完善三维立体地理信息系统。新建三座城镇污水处理厂，新增污水处理能力5.8万吨/日，累计完成城区污水管网扩面工程125公里、乡镇污水管网工程951公里，基本实现城镇截污纳管全覆

盖。同步完成4座污水处理厂提标改造，出水达到国家一级A标准，并实行PPP第三方专业化运营，治污水平大幅提升。

（二）高质量实现农村生活污水治理和生活垃圾分类处置全覆盖。完成农村生活污水治理392个村，受益农户达91967户。创新质量管理"十八法""管材、统砂统一配送""100%闭水试验和机器人检测"等制度，确保了地下隐蔽工程质量，全县截污纳管村接户率平均达到94%，远超省市规定标准，同时终端处理设施委托第三方专业化运营，保障了处理效果。全域开展垃圾分类，推行"党建+"模式，根据"就亲、就近、就便"的原则，每名党员包干联系10户以上农户，将联系户垃圾分类情况纳入《党员五星管理量化考核办法》，分类正确率达90%。全县已建成16座生态处理中心、18座阳光房，配备53台机械发酵设备，覆盖全部行政村。年处理会腐烂垃圾约7.3万吨，减少垃圾处置费820余万元，同时产生有机肥效益300余万元。浦江成为全国首批农村生活垃圾分类和资源化利用示范县、浙江省第一个省级卫生乡镇全覆盖县。

（三）科学化实施生态清淤。自开展浦阳江水环境综合整治以来，已累计清理淤泥710余万立方米。其中全国首个中型水库深水生态清淤工程——通济桥水库清淤工程，成功攻克深水条件下底泥勘测关键技术、水库底泥处置和资源化利用关键技术、生态清淤施工技术与控制、水库水质安全和保护对策研究等六大难题，为全国同类型水库深水生态清淤工程提供了样板。浦江“泥、砂、垃圾”三分离生态清淤模式利用生态清淤船上的水泵将河底淤泥、垃圾吸上来，留下河底部分的沙砾，再通过管道输送至处理厂进行分离、固化处理，形成清水、垃圾和固化淤泥，实现生态化清淤、管网化输送、工厂化处置、资源化利用，防止淤泥影响水体水质。其三分离经验在全国推广。

（四）精准化开展河道治理。浦江组织精干力量对河流沿岸的排污口、截污纳管工程、畜禽养殖以及河道淤积情况进行了地毯式排查，形成“一河一策”，率先推行“挂图作战”、问题销号。在全省率先探索建立河道江段长制度，落实县域河长全覆盖，形成由32名县级河长统筹引领，64名镇级河长落实推进，257名村级河长常态监管，618名保洁员日清日洁的四级“河长”管护格局，辅以河道“警长”、部门“河长”、村级“塘长”、排污口“哨长”等一系列机制。同时实行指标化管理，出台《浦江县河道地表水江段长制度考核办法》，水质反弹、达不到考核目标要求的河长由县委、县政府约谈、问责。办法实施至今，已累计处罚约115万元，约谈72人。

（五）全流域推进生态修复。创新实施"一厂一湿地、一库一湿地、一村一湿地"，因地制宜在污水处理厂、水库以及农村配套建设人工湿地，对污水厂尾水、水库出水、生活污水进行深度净化，新增水源面积6400余亩（合约4.27平方公里），成功创建浦阳江国家湿地公园，污水处理厂尾水经湿地处理后，出水达到地表水Ⅳ类标准，大幅削减污染物排放量。建成集防洪、景观、休闲、生态于一体的浦阳江生态廊道，全长17公里，成为贯穿浦江东西的锦绣飘带，被评为"浙江最美绿道"。浦江首创的"生态洗衣房"模式得到省委书记车俊的批示表扬，并在全省推广。

三、抓美丽行动，提升人民群众幸福感和获得感

绿水青山重拾了百姓对美丽家园的渴望。浦江启动美丽乡村建设，实现从干净、整洁到美丽的转变，从"点状美"向"全域美"升级。

（一）打造美丽村居。实施"百村·百景"村口景观工程。立足于充分彰显村庄的自然资源、人文资源和产业特点，有效改善村口面貌，打造村口景观203个。实施"百村·千塘"清淤水质提升工程。立足于提升池塘水质，通过清洗池塘沉积淤

泥，清理池塘内及周边生活垃圾、建筑垃圾，殖入生物菌，种植莲藕、芦苇、水莲等水生植物等，治理2800多口池塘、70多座山塘、10多座水库。实施“百村·万家”黄皮房整治工程。对黄皮房的整治并不是简单“抹白”了事，还充分结合江南特色和“诗画浦江”文化内涵，努力营造具有乡土气息的人文景观。全县累计完成墙体美化583万余平方米。

（二）保护历史文脉。古村落、古建筑、古树、古道是地域古文化的基本构件。为了保护好浦江“活着”的这些历史，浦江县按照“保护为主、抢救第一、合理利用、继承发展”的方针，围绕“一年成形、二年成景、三年成品”的目标，全面启动了历史文化村落保护利用工程。截至目前，全县已启动的16个村，累计投入资金7000余万元。完成省第一批重点村嵩溪村、第二批重点村新光村、第三批重点村礼张村的建设。同时，还实施“百幢历史建筑保护工程”，每年投资1000万元，对散落于各个村的有价值的历史建筑进行保护修缮，目前已完成修缮168幢，使之成为群众的心灵港湾和精神家园；相继开发了桃岭古道、淡竹岭古道、马岭古道、黄岭古道、芜莱古道；对浦江境内的1551株名树名木进行登记造册，并加以保护。

（三）开展“乡村大花园”建设。按照“点上出彩、线上成景、面上美丽"的要求，全县域、全方位开展"乡村大花园"建设。全域性纵深开展"两路两侧" "四边三化" "治乱美化"行动，整治废品收购点358家，整治主要公路沿线环境污染点13000平方米，并做到"即拆、即清、即美"。从家庭入手，以"环境卫生清洁美，摆放有序整齐美，栽花植树绿化美，院落设计协调美"为标准，掀起全民创建"美丽庭院"的热潮，用家的小美，推动村的大美。如今，5万余个"美丽庭院"遍布城乡，一条条鲜花街遍布村落。按照"农田环境洁化绿化美化、基础设施标准化、农田功能多样化"的标准，着力打造高水平"美丽田园"，努力做到农田园区化、园区生态化、生态景观化，使秀美田园成为绿色农产品生产基地和乡村旅游的景观地。

山青了，水绿了，村美了，百姓的获得感和幸福感不断增强。2018年，全县"五水共治"工作群众满意度再次名列全省第一；生态环境质量公众满意度位居全省第三，比上一年前移两位，市内排名第一。

四、抓产业振兴，推动经济建设高质量发展

（一）传统产业转型升级强势发力。生态环境的发展倒逼传统产业转型升级。"水晶、挂锁、绗缝"作为奠定浦江经济基

础的三大传统产业，在经历集中整治、集聚发展、技术创新的大破大立之后，强势发力。2018年水晶产值和税收分别是整治前的1.17倍和5.1倍。“中国水晶玻璃之都”荣誉称号通过复评。绗缝产业整体质量得到提升，成功创建省级出口绗缝制品质量安全示范区，被中国纺织品商业协会授予“中国领航创新产业集群”奖；“浦江挂锁”荣获浙江省区域名牌，获批创建国家级挂锁产品质量提升示范区，企业研发的全自动锁具装配机入选省装备制造业重点领域首台（套）产品名单，全省首个挂锁产品“浙江制造”品牌认证标准发布实施。2018年，规上工业数字经济核心产业增加值11937万元，比上年增长36.5%。

（二）农业基础带动乡村旅游。现代农业提质增效，成功打造浦江葡萄区域公用品牌，葡萄产值首次突破10亿元。浦江葡萄成为G20杭州峰会专供水果和国家地理标志产品，留家坪香榧基地成为全国林业基地基础建设典范。浦江县荣获“中国巨峰葡萄之乡”和“中国香榧之乡”称号，被列为全省首批农业绿色发展先行示范县创建单位。现代农业的转型升级所形成的景观农业、采摘农业，催生旅游新热点，吸引四方的游客。同时全县各地因地制宜，深入挖掘文化品牌，创新开发特色旅游，大力发展农家乐民宿，形成40个精品村、5条精品线等各具特色的乡村旅游。旅游收入连续三年增幅达到65%以上，2018年乡村旅游达1275万人次。成功创建全国休闲农业与乡村旅游示范县，荣获“全国十佳生态休闲旅游城市”称号。

（三）新兴产业蓬勃发展。以产业高端化、特色化、规模化和国际化为方向，着力推进战略性新兴产业发展。目前，电子商务网络已覆盖全县，电子商务专业村（产业园）达到8个，电子商务市场主体达到5000余家，创业青年达1.8万余人，2018年实现国内网络零售额132.5亿元，比上年增长25.8%，成为省大众电商创业最活跃的10个县之一，成功创建省级电子商务示范县。装备制造、生物医药、光电、新材料等新兴产业呈现良好发展态势，莱康生物多肽复合物项目等重大项目开工建设，物产环保、莱康生物、三思光电、华港燃气、莱茵达新能源等一批优质项目落户浦江，成为浙江省“两化”深度融合示范区和浙江省外贸转型升级试点示范县。

第二节　浦江的经验

一个时代有一个时代的主题，一代人有一代人的使命，总结浦江经验，就是紧紧抓住“全面振兴实体经济、全面夯实高质量发展基础”这个当前最大的使命。站在“八八战略”再深化、改革开放再出发的新起点上，进一步强化使命担当，共同拼搏实干，让浦江生态环境越来越好，让浦江发展越来越有活力，让浦江城乡越来越美丽，让浦江党风民风越来越清正，让浦江百姓越来越幸福。具体表现为“五个不动摇”：

一、坚持“绝对忠诚、听党指挥”的政治立场不动摇

党政军民学，东西南北中，党是领导一切的。浦江坚持增强政治意识、大局意识、核心意识、看齐意识，坚定道路自信、理论自信、制度自信、文化自信，坚决维护习近平总书记在党中央、全党的核心地位，坚决维护党中央权威和集中统一领导，不折不扣贯彻执行中央和省委、市委、县委的决策部署，把党的领导贯穿到每一项工作、每一个支部、每一名党员。特别是对县委已经明确的战略定位、奋斗目标和任务要求，各级各部门要紧盯不放、细化举措，做到一件一件抓落实、一项一项抓攻坚，确保干一件成一件，积小胜为大胜，让党真正成为推动各项事业进步的最坚强领导核心。

二、坚持“发展为要、项目为王”的工作导向不动摇

习近平总书记强调，发展仍是解决我国所有问题的关键。[1]浙江省委书记车俊指出，我省新旧动能能否加快转换，供给质量能否迈上中高端，有效投资是关键，大项目支撑是重点。浦江牢固树立“发展第一要务，项目第一支撑”的理念，紧盯“12365”翻身战奋斗目标，以“一天都不耽搁、一点都不马虎”的治水精神抓发展，重点打造“一核两翼”发展体系，即以“工业强县”战略为核心，以“小县大城”战略和“全域旅游”战略为两翼，为浦江长远的高质量发展定框架、打基础、谋突破。牢牢抓住项目这个牛鼻子，一切围着项目转，一切盯着项目干，为一切项目做好服务保障。围绕振兴实体经济、建设美丽县城、发展全域旅游、推动乡村振兴、加快浦义同城等中心工作，谋划一批、招引一批、落地一批好项目，同时建立领导干部项目责任制，形成“人人身上有担子”的氛围，呈现“大项目顶天立地、小项目铺天盖地”的局面，推动浦江从“大破”走向“大立”。

---

[1] 习近平：《在党的十八届二中全会第一次全体会议上的讲话》（2013年2月26日），载中共中央文献研究室编：《习近平关于社会主义经济建设论述摘编》，中央文献出版社，2017年。

三、坚持“解放思想、改革创新”的开拓精神不动摇

习近平总书记指出，“没有思想大解放，就不会有改革大突破”[1]，“唯改革者进，唯创新者强，唯改革创新者胜”[2]。解放思想、改革创新是经济社会活力的来源。思想僵化、观念落后，就会被条条框框所束缚；因循守旧、墨守成规，就会被时代潮流所淘汰。今天的浦江，站在“二次创业”的起跑线上，进一步解放思想，大胆闯、大胆试，敢于打破坛坛罐罐，敢于啃“硬骨头”，敢于涉险滩，为发展解除桎梏、扫清障碍。坚持以“最多跑一次”改革撬动各领域改革，在“打造全省营商环境最优县”“亩均论英雄”“企业投资项目标准地＋承诺制改革”和“发展混合所有制经济”等方面下功夫、出实招、见成效，在困顿中突围，在创新中发展。

四、坚持“以民为本、为民而善”的宗旨使命不动摇

习近平总书记强调，要始终把人民立场作为根本立场，把

[1] 习近平：《在庆祝海南建省办经济特区30周年大会上的讲话》，《人民日报》2018年4月14日第2版。

[2] 习近平：《谋求持久发展，共筑亚太梦想——在亚太经合组织工商领导人峰会开幕式上的演讲》，《人民日报》2014年11月10日第2版。

为人民谋幸福作为根本使命，坚持全心全意为人民服务的根本宗旨。[1]39万浦江人民永远是浦江党委政府内心最大的牵挂，也是浦江不断前行最大的动力。浦江党委政府始终把群众的痛点、堵点和关注点作为一切工作的着力点，多谋民生之利、多解民生之忧，宁可党委政府的日子过得紧一点，也要全力以赴惠民生，努力干成一批推动经济社会长远发展的大事，办好一批惠及百姓民生的实事，解决一批长期制约发展的难事，让生活在浦江这片土地上的百姓拥有更多获得感、幸福感、安全感。

五、坚持“水晶之都、诗画浦江”的战略定位不动摇

习近平总书记强调：“看准了的事情，就要拿出政治勇气来，坚定不移干。”[2]“水晶之都、诗画浦江”是浦江县“十三五”规划明确的目标，契合浦江特色、符合浦江定位、顺应群众期待，浦江发扬钉钉子精神，一张蓝图绘到底，一任接着一任干。以水晶产业集聚区、水晶小镇为依托，建设水晶之都，打造以水晶产业为代表的区域特色产业。以有诗有画、如诗如

[1] 习近平：《在纪念马克思诞辰200周年大会上的讲话》，《人民日报》2018年5月5日第2版。

[2] 《把握大局审时度势统筹兼顾科学实施，坚定不移朝着全面深化改革目标前进》，《人民日报》2014年1月23日第1版。

画、诗情画意的生态优势、文化优势为依托，打造一个“让人称赞、让人自豪、让人向往”的诗画浦江。这是全县人民的共同期待，也是浦江的使命担当，浦江让“水晶之都、诗画浦江”成为浦江最闪亮的两张“金名片”。

党的十九大报告在五年工作总结和未来工作展望、在思想概括和战略部署等多个方面均涉及以“美丽中国”建设为目标的生态文明建设。浙江省是“美丽中国”建设的发源地，浦江县是打响全省“五水共治”第一枪的地方，浦阳江是浙江启动“五水共治”的起点，浙江浦江理应成为“美丽中国”建设的示范区，为全国提供浙江经验。展望未来，浦江县委、县政府将高举习近平新时代中国特色社会主义思想伟大旗帜，坚定不移地沿着“八八战略”指引的路子走下去，深入践行“绿水青山就是金山银山”理念，坚定不移走好生态优先绿色发展之路，全面推动乡村振兴战略实施，奋力推进浦江高质量发展。

第八章

丽水的实践与经验

自2006年把“两山”理念确立为根本性战略指导思想起，十多年来，丽水市以建成践行“两山”理念全国标杆为目标，深入贯彻“八八战略”和践行“两山”理念，推动生态经济化、经济生态化，一座极具诗画江南韵味的高质量绿色发展的山区城市出现在浙西南大地上。

（一）美好生态成为经济引擎。（1）美好生态成为经济要素。从2006年开始，丽水开展林业投融资体制改革，推出林权抵押贷款业务。丽水林权抵押贷款余额和总量一直占全省的一半以上，份额在全国地级市中位居第一。此后，涉及更多领域的农村产权制度改革席卷丽水，农房、土地承包经营权都成了可以融资的抵押物。（2）美好生态扮靓丽水山景。好生态是丽水旅游的最大底气，目前，丽水共有旅游资源单体2365个，其中优良级353个，已创建22家4A级旅游景区。随着高铁等配套设施的完善，游客呈现井喷式增长，2019年上半年，丽水全市实现旅游总收入369.29亿元，同比增长17.15%。（3）美好生态孕育优质产品。全国首个覆盖全区域全产业的农产品区域公用品牌——“丽水山耕”，在政府背书与营销推动下，到2019年6月底累计销售额达179.28亿元，产品溢价率平均超30%。（4）美好生态引发投资热潮。以全国首个市级农家乐民宿区域公用品牌——“丽水山居”旗下农家乐民宿经营户（点）为例，2018年增至4418家，全年共接待游客3451万人次，实现营业总收入41亿元，分别比上年增长24%、33%。

（二）美好生态成就美丽城乡。丽水这座古老而又年轻的城市，立足“绿水青山”，在涵养生态上创优，通过异地搬迁实现38.34万山区农民的进城梦，城乡资源配置更加合理；建成区面积2018年扩大到110.52平方公里，经济总量也迈上千亿新台阶。2019年上半年，丽水市生产总值增长8.8%，城乡居民人均可支配收入分别增长9.4%和10.3%，均居全省第一；根据生态环境部监测通报，丽水空气、水质环境质量均排名全国第八，是全国唯一两项指标均进入前十的地级市。

第一节　丽水的实践

丽水是长江经济带、“一带一路”和海西区等国家重大决策部署的交会区，是华东地区的生态屏障和浙江大花园的最美核心区。丽水也是“两山”理念的重要萌发地、先行实践地和“丽水之赞”的光荣赋予地，还是首个生态产品价值实现机制国家试点市。地位与荣耀的背后是丽水这座浙西南山区城市交出的一份

"美丽浙江"的实践和特色做法的答卷。

一、明志立法，构筑山区城市的美丽基石

（一）山区城市发展战略的"以绿明志"。早在2000年，丽水撤地设市，丽水市委、市政府就确立了"生态立市、绿色兴市"发展战略；2004年，正式制定实施《丽水生态市建设规划》；2006年，把"两山"理念确立为根本性战略指导思想；2008年，在全国率先发布实施《丽水市生态文明建设纲要（2008—2020）》；2013年11月，浙江省委在丽水专题工作会议上提出，把丽水作为浙江践行习近平总书记"绿水青山就是金山银山"理念的先行区和试点市，并决定对丽水不考核GDP和工业总产值两项指标；2013年12月，丽水市委审议通过了《关于坚定不移走"绿水青山就是金山银山"绿色生态发展之路，全面深化改革，建设美丽幸福新丽水的决定》；2014年，成为全国首批生态文明先行示范区试点城市；2016年，市"十三五"规划明确提出要打造"两山"样板；2017年，成为全省唯一的浙江（丽水）绿色发展综合改革创新区；2017年8月，丽水市委审议通过了《关于打好五张牌、培育新引擎、建设大花园，全力创建浙江（丽水）绿色发展综合改革创新区的决定》，将全市上下思想统

一到绿色生态发展上来，加快经济转型升级，坚定不移迈向高质量发展，奋力开辟"绿水青山就是金山银山"的新境界。

（二）山区城市发展的"立法推进"。根据《中华人民共和国立法法》第72条第2款和第82条第3款的规定，丽水的地方立法权范围严格限制在"城乡建设与管理、环境保护、历史文化保护等方面的事项"。对当下的丽水来说，这三个方面都重要。在城乡建设管理和历史文化保护方面，让丽水成为"望得见山、看得见水、记得住乡愁"的诗画韵味的美丽城乡，立法大有可为。在环境保护方面，丽水最大的发展优势是绿水青山，立法授权为丽水制定最严格的生态保护制度方面提供空间。在村落保护方面，丽水是全国汉民族地区传统村落数量最多、风貌最完整、集聚度最高的地区，全市共有传统村落356个，其中中国传统村落257个，位居全省第一，丰富的传统村落资源是传统农耕城市丽水乡愁记忆和农耕文明的重要载体，也是丽水打通"两山"通道，提高GEP、GDP转化效率和实现高质量绿色发展的重要基础。为此，在实施丽水市"大搬快聚富民安居"工程的同时，综合考虑传统古村落的可复兴利用，立法大有作为，而且迫在眉睫。一路探索前行，聚焦城市管理立法，2017年3月，《丽水市城市市容和环境卫生管理条例》正式开始实施。这是丽水行使地方立法权以来制定的第一部实体性地方性法规，对丽水城市文明建设和法治建设有着重要意义。这一条例实施两年多来，一座向上生长的生态文明之城款款走来。为一湖水立一部法，丽水磨砺两年，2019年3月1日，《丽水市南明湖保护管理条例》正式实施。这一条例的出台和施行，成为丽水湖泊立法的重要里程碑，以一部法规为南明湖筑起了生态保护的屏障。而为一片茶叶立一部法，铸就的是一个生态产业的明天。千年惠明，百年金奖，2019年8月，《景宁畲族自治县促进惠明茶产业发展条例》正式施行。这意味着已是景宁畲汉群众“摇钱树”的绿色生态金产业——惠明茶产业，迎来了一个新的发展时代。2019年，省十三届人大常委会第十三次会议表决通过了《浙江省人民代表大会常务委员会关于批准〈丽水市传统村落保护条例〉的决定》，标志着丽水市又一部地方性法规问世，并于2019年11月1日起施行。此外，自2018年起，丽水两级法院立足审判职能，通过健全生态环境修复机制等举措，加大环境资源审判保障力度，全力推进绿色司法。2019年6月，丽水中院发布了一份《丽水法院环境资源审判白皮书》和2018年度丽水法院十大环境资源审判典型案例。2018年至2019年上半年，丽水市两级法院共受理各类环境资源案件1025件。

（三）山区城市发展的"顶层设计"。如加快编制"三山"品牌建设规划。近年来，丽水完成了"丽水山耕""丽水山居""丽水山景""三山"区域品牌的构建，并加快对"三山"品牌的整合与联动，以"丽水山耕"生态农产品、"丽水山景"乡村旅游、"丽水山居"田园民宿为核心，全面构建"吃在丽水山耕、住在丽水山居、行在丽水山景"的"秀山丽水"品牌体系。以"丽水山耕"的农产品消费体验、农产品的品牌传播形成品牌效应，立生态之根，立生态之本；以"丽水山居"来升级消费体验，形成品牌联动；以"丽水山景"打造生态旅游胜地，通过农旅融合、田园综合体等亮点工程来破局。以此带动丽水特色产品、地理标志产品、农旅融合产品的全面发展，亮出丽水名片，将"三山"打造成为全国乡村振兴品牌的引领者。如构建丽水市"大搬快聚富民安居"工程市、县两级指挥部，出台经市委常委会、市政府常务会审议的《丽水市"大搬快聚富民安居"工程评价办法》，编印了《以"丽水之干"担纲"丽水之赞"——中国异地搬迁（解危除险安置）县域实践模式》一书，召开全市"大搬快聚富民安居工程"现场推进会，在国内各级媒体上刊发《18年异地搬迁农民38.34万，丽水在全国率先探索"大搬快聚富民安居"模式》等宣传文章，为完成15万名山区农民搬迁，也为丽水打造山区城市异地搬迁县域实践模式的“中国样板”做好顶层设计等工作。再如，实施“红色乡村振兴行动”。制定印发了《丽水市红色乡村振兴三年行动计划（2019—2021）》，计划到2021年，全市将整合国家、省、市涉农资金2亿元，以“红色文化”为主题，“红色经济发展”为主线，培育红色乡村示范乡镇40个以上、红色乡村示范村100个以上、红色美丽乡村精品线路20条，并每年安排一定的资金，用于红色示范乡镇和示范村的奖补。此外，丽水还启动编制花园乡村建设标准，围绕概念理念、目标定位、标准体系、方法路径、责任分工、要素保障、常态运行等方面进行创新策划，制订一套“中国花园乡村”建设标准体系，在花园乡村建设的肌理形态、气质仪态、管理姿态、经营业态、发展神态上明确原则框架和标准体系。力争通过花园乡村建设，全面形成美丽乡村发展的花园式空间格局、产业结构和生产生活方式，把丽水打造成践行习近平生态文明思想的先行地、全国乡村振兴的示范区、全球知名的健康养生花园。

二、立足生态，改善山区城市的美丽环境

（一）“禁”。20世纪八九十年代，丽水辖区内的瓯江流域、松阴溪两岸，遍布造纸厂。自21世纪初以来，沿河污染企业

陆续全部关停，尤其是2006年以来，丽水践行“尤为如此”的嘱托要求，专注探索绿色发展路径，创建全国首个生态示范区，近五年整治淘汰“低散乱”企业4480余家，每年减少重污染、高能耗工业产值100多亿元。通过强化红线管控，初步将全市75.66%的区域列为限制工业进入的优先保护区。同时，对标欧盟，制定了最严格的农药化肥安全使用规范，截至2019年9月已公布四批禁限用农药目录共152种。

（二）“护”。丽水引导庆元的铅笔行业、云和的木玩行业，一方面通过科技手段实现“零排放”，另一方面采用新疆、安徽和西欧、南亚等地再生能力更强的木料，替代本地原料生产铅笔板、木制玩具，从而使当地的林业资源等得到有效而长久的保护。此外，丽水庆元县和福建的政和县、松溪县、寿宁县共13个乡镇，还探索结成浙闽边界治水联盟，打破环境保护的“篱笆”，实现污染综合治理和生态环境的协同保护；云和倡导并和云南元阳梯田、广西龙胜梯田及墨西哥、韩国等海外梯田景区代表，共同发起成立“梯田保护与发展联盟”，担当起全球梯田保护与发展的领路者、模范生，也是丽水建设“美丽浙江”实践的好做法。

（三）“治”。丽水在全国创新建立河道“健康卡”，将河道基本情况、污染程度、主要污染指标、主要污染源、治理措施、治理过程等内容写进了“健康卡”内，开出治水良方，对河道“病情”实时跟踪，实行动态化管理，并制定了“一河一策”，做到“河道病情清晰准确，治理方案目标明确翔实”；丽水在全国创新“河权改革”，2016年，青田县章村乡章村村、吴村村和小砩村河道经营权拍出，变“政府治水”为“全民治水”后，节省了政府支出，村集体可以增加收入50多万元；承包方通过河道渔业资源买卖增加收入，村民也可以获得分红。截至2019年7月，丽水全市已有312条河道完成了承包。

三、着眼注魂，涵养山区城市的美丽面貌

中共丽水市委四届六次全体（扩大）会议于2019年7月30日召开。全会高举习近平新时代中国特色社会主义思想伟大旗帜，全面贯彻落实党的十九大和省第十四次、市第四次党代会精神，研究部署进一步弘扬践行浙西南革命精神，从而让红色精神永放时代光芒，为“丽水之干”注魂、赋能、立根，全面凝聚起创新实践“两山”理念的宏阔发展伟力。全会审议通过《中共丽水市委关于大力弘扬践行浙西南革命精神的决定》。全会指出，丽水是全省唯一所有县（市、区）都是革命老根据地县的地级市，是

一片有着光荣革命传统、丰沃革命精神的红色热土。23年艰苦卓绝的浙西南革命斗争缔造了伟大的浙西南革命精神，并永远铭刻在万千处州儿女的心灵深处，流淌于广大丽水人民的血脉之中，在革命战争年代里激励广大人民浴血奋战、英勇顽强，更在岁月沧桑中历久弥新，愈发展现出超越时空的恒久价值和无可替代的强大力量，指引和鼓舞着丽水干部群众坚定理想信念，坚持真理追求，在前进道路上不断战胜一个又一个困难，奋力夺取一个又一个新的胜利。浙西南革命精神具有独特的历史地位、重要的实践意义和宝贵的思想价值，成为在中国革命精神谱系中具有独特历史地位的重要组成部分，寄予了丽水人民最可贵的精神财富，弘扬践行是对历史的最好缅怀、对先辈的最好告慰，是对奋斗的最好诠释、对实干的最好激励，是对实践的最好启示、对现实的最好指引。全会强调，要用浙西南革命精神为"丽水之干"注魂、赋能、立根，永做奋力推进高质量绿色发展的"挺进师"。要高举发展的行动旗帜，全面贯彻落实全市"两山"发展大会的精神和重要决策部署，以弘扬践行浙西南革命精神，为坚定不移践行"两山"理念注入忠诚使命之魂，为不竭开辟高质量绿色发展新路赋予求是挺进之能，为发展为了人民、发展依靠人民、发展成果由人民共享树立植根人民之根，在"丽水之干"的时代旗帜上镌刻下鲜明的浙西南革命精神标识，为丽水一心一意谋发展、聚精会神搞建设确立使命自觉、行动自觉、为民自觉。

随之，以“绿”为底色、“红”为本色的丽水，在新时代发展的关键期和窗口期，迈出了“两山”转化的新脚步。2019年8月，丽水发布《浙西南革命精神弘扬和红色资源价值转化规划》（以下简称《规划》），规划范围为丽水市全域，规划期限为2019—2035年。《规划》提出了“1+4”的定位。“1”指总体定位，即打造红色文化引领高质量绿色发展的“丽水样板”；“4”指具体定位，即打造全国红色文化传承示范区、全国革命老区内生发展示范区、全国红色旅游发展示范区、长三角红色教育示范区“四个示范区”。《规划》梳理谋划了革命遗存保护展示、红色村镇提升建设、红色旅游发展精品、红色教育基地建设、基础设施建设优化等五大工程，共76个项目，总投资373亿元。《规划》统领全市，着眼未来，确定了打造红色文化引领高质量绿色发展“丽水样板”的总体定位，具有开创性、示范性，是全国首个“红绿融合”的系统性发展规划。《规划》的出台，意味着丽水“红绿融合”的脚步将再次提速，红色精神引领高质量绿色发展的前路将更加明晰，为山区城市的发展注入了高贵的灵魂气质，无疑涵养着丽水这座绿色之城的美丽面貌。

四、立足集聚，开启山区农民的美好生活

大搬快聚，是丽水优化和提升生态环境，建设诗画江南韵味美丽城乡的最大工程。秀山丽水是这片土地的代名词，生态名城是丽水的"金名片"，"绿水青山就是金山银山"理念从这里萌发。守护生态底线，不仅是守护祖先的"传家宝"，更是端好今天发展的"金饭碗"。通过大力实施大搬快聚，将居住分散尤其是生活在生态敏感脆弱山区的群众搬迁集中安置，有利于减少高山远山地区的人类活动，可以大幅度减轻搬出地区的生态环境压力，有利于生态保护与修复，堪称一件功在当代利在千秋的大事。习近平总书记曾指出，"从丽水的情况看，统筹城乡经济社会发展就是要把推进城市化与鼓励农民下山脱贫、促进产业和人口集聚结合起来，实行'内聚外迁'，走以城带乡、以工促农、城乡一体的发展路子"，"要进一步增强丽水中心城市的功能，实行'小县大城关''小乡大集镇'，搞好重点镇、中心村建设，加快园区的整合，把各类园区建设成为城市的新组团"。[1]

丽水这座山区城市遵循习近平总书记重要嘱托，多年来围

[1] 廖王晶、严晶晶、吴梓嫣：《句句叮咛情意切，"小县大城"谋新篇》，《处州晚报》2017年10月13日第A02版。

绕促进农村人口集聚这条主线，通过改革创新，基本解决或清除“转移农民—减少农民—转化为市民”过程中的体制机制性束缚，积极推进山区农民向城镇集聚。2000—2018年期间，全市投入资金142.26亿元，实现农民异地搬迁10.93万户38.34万人，其中整村搬迁1902个村3.28万户10.14万人，累计搬迁人口达到了全市农村人口（2017年全市农村人口为180.78万人）的21.21%。如云和累计实现近40%的农民异地搬迁、70%的农村劳动力向二三产业转移、74%的人口集中在县城居住，95%的企业集中在县城发展，搬迁农民“带权进城”，过上无差别的城市生活。

集聚，开启山区城市的美好生活。十多年来的做法，一方面着眼解决农民“搬得下”的问题。以新型工业化、新型城市化为依托，围绕促进农村人口向县城、中心镇、中心村集聚，健全农村人口集聚的体制机制，通过创新农民搬迁安置方式、改革宅基地使用制度、改革农村集体产权制度、改革户籍管理制度、创新社区管理方式，着力解决了农民“搬得下”的问题。另一方面着眼解决农民“稳得住、富得起”的问题。以农民创业就业为目标，因地制宜培育壮大主导产业，通过创新农民培训方式、创新金融帮扶机制等，进一步加大农家乐和农家乐综合体、来料加工、农村电子商务等农村新型产业培育力度，加强农村劳动力素质培训，着力解决农民异地搬迁后“稳得住”“富得起”的问题。

五、盘活资产，发展山区城市的美丽经济

2006年开始，丽水率先开展林业投融资改革试点，一张林权证让2100万亩（合14000平方公里）森林变成了丽水山农手中的“活期存折”。此后，包括农村林地使用权、水域养殖权、土地承包经营权等12类产权交易、抵押和贷款的农村金融综合改革在丽水铺开，形成了目前市、县、乡三级农村产权交易平台。目前，丽水全面完成了2727个村集体经济股份制改革，220万农民变成了“股民”，量化资产近14亿元，累计分红6110万元。如何盘活资产，发展山区城市的美丽经济，丽水的路径逐渐明晰。

（一）创新构建绿色发展的评估体系。制定科学的生态产品价值核算评估标准，探索建立GDP和GEP双核算、双评估、双考核机制。2017年，丽水邀请国家发改委、中科院生态中心的专家，在全国率先开展生态系统生产总值（GEP）研究，已实现生态资产保值增值可度量。继2018年公布全市GEP为4672.89亿元后，2019年5月又在遂昌县大柘镇大田村发布全国首个村级GEP核算报告。大田村GEP核算报告出来后，有20人带着项目找上门

来，其中不乏投资过亿的农创项目，像中国文化旅游商业运营20强企业——嘉善木言木语旅游文化发展有限公司投资3亿元的“天空之城”项目8月开工。遂昌金融机构也大胆破冰，将GEP纳入整村授信的重要参考指标，给出的利率比普通保证贷款优惠45%至65%。

（二）聚焦战略性支柱产业。生态是丽水第一优势，丽水作为全国首批“国家全域旅游示范区”创建单位和第二批国家级旅游业改革创新先行区，生态旅游业是丽水这一“最后的江南秘境”的第一战略性支柱产业，旅游总收入连续十多年保持25%以上高速增长。丽水旅游坚持“城市即旅游，旅游即生活”理念，中心城区按照“北居中闲南工”空间布局，建设瓯江中上游休闲养生新区，打造居游共融的旅游中心城市。同时，形成“一户一处景、一村一幅画、一镇一天地、一城一风光”的全域大美格局，如莲都“瓯江画廊”，作为国家4A级旅游景区的古堰画乡，有300名创客以及近108家艺术企业签约入驻，每年吸引超过170万人次的游客，年接待写生创作人数在15万人次以上，油画产业年产值达到1.2亿元。特色小镇位列2018年浙江省级特色小镇发展综合指数排行榜旅游行业特色小镇第一位。

（三）完善绿色发展兑现平台。建设生态产品交易平台，完善市场化网络推动生态产品价值实现高效转化。如2014年9月，丽水通过整合当地处州白莲、景宁惠明茶、遂昌菊米、庆元香菇等农产精品，创建覆盖全区域、全品类、全产业的一体化公共服务体系——全国首个地级市农产品区域公用品牌"丽水山耕"，2017年评估品牌价值达26.6亿元，并入选"2017中国农产品区域公用品牌百强榜"第64位。目前该项目有加盟会员903家，建立合作基地1122个。2019年1—6月，全市新建海拔600米以上绿色有机农林产品基地30.6万亩（合204平方公里），"丽水山耕"实现销售额44.1亿元。此外，还通过"问海借力"发展山区城市的美丽经济，丽水市与宁波市、湖州市、嘉兴市，丽水市的9个县（市、区）、开发区与杭州、宁波、嘉兴、湖州、绍兴、金华、台州的21个经济强县和3个园区实现全面结对，推动山区城市高质量绿色发展。如景宁畲族自治县先后得到鄞州区、温岭市、海盐县、上虞区、宁海县等地的对口扶持，累计援建专项资金1.6亿元，争取区域合作资金35亿元，实施项目98个，带动地方投资80余亿元，同时，景宁成为全省首个在乡镇（街道）一级实现"山海协作"结对全覆盖的县级行政区。

六、放眼宜居，打造山区农民的美丽居所

习近平总书记曾说："我们的人民热爱生活，期盼有更好的教育、更稳定的工作、更满意的收入、更可靠的社会保障、更高水平的医疗卫生服务、更舒适的居住条件、更优美的环境，期盼孩子们能成长得更好、工作得更好、生活得更好。人民对美好生活的向往，就是我们的奋斗目标。"[1]丽水的大搬快聚，为的是让更多"散居的农民"变成"集聚的市民"，有利于统筹城乡发展，优化人口、资源要素和生产力布局，可以推进具有山区特色的"小县大城"集聚步伐，让更多农民"住上好房子，过上好日子"，让搬迁群众能够享受更多更好的公共服务，有利于农民彻底摆脱危险和贫困，圆上安居梦，实现就业增收。

"大搬快聚富民安居"工程是丽水打造山区农民美丽居所的一个缩影，多年来，各县（市、区）通过组织和动员社会各种力量和资源，采取"房产企业开发、政府货币补助"、组建国有安置房建设公司进行"自建自管"以及EPC（工程总承包模式）、PPP（政府和社会资本合作模式）等多种模式，加快安置小区建

[1] 《习近平在十八届中央政治局常委同中外记者见面时强调：人民对美好生活的向往，就是我们的奋斗目标》，《人民日报》2012年11月16日第4版。

设。并按照"同城同待遇"要求，将搬迁农民纳入城市教育、社保、医疗体系。完善农民安置小区的配套设施，积极探索建立"新居民、新社区"管理模式，强化农民搬迁后的社会保障和管理服务。

截至2019年7月31日，全市安置小区（点）完成投资8.82亿元，新建安置小区17个，续建安置小区19个，续建安置点6个，用地规模达到2432亩（合约1.62平方公里）。建成的安置小区基本实现了物业管理，医疗、养老保障等与城市市民逐步接轨。如庆元县，建成全省最大的灾民安置小区——同德新村，安置农户1302户4900多人；建成目前全省最大的地质灾害避险搬迁安置小区——同济新村，安置1658户5800多人；建成全省最大的农民异地搬迁小区——同心新村，安置3253户12000多人。

目前，丽水立足"需"，突出安置创新性。主要有三种模式：

（一）政府统建，农户购房模式。这种模式也称作公寓式安置，是当前丽水市最主要的安置方式。如丽水市云和县大坪小区、龙泉市南大洋小区、庆元县同心新村等都是由政府建成的公寓式套房，在政策享受面积内以成本价出售给异地搬迁农户，超面积部分按小区综合价计算（小区综合价由政府相关部门测算，一般高于成本价20%左右），并给予贷款支持。以庆云县同心新村为例：规划设计公寓户型面积有小户型（90平方米）、中户型（110平方米）和大户型（≥130平方米）三种，其中90平方米235套，110平方米1705套，130平方米以上304套，110平方米的户型占比达到76%；经委托中介机构丽水市处州建设工程咨询有限公司测算，同心新村安置房综合成本价为3432.7元/米^2。为减轻农民负担，庆元县政府将同心新村安置房价格调整为均价3040元/米^2，大贮藏间均价3000元/米^2，小贮藏间均价2000元/米^2。从2018年一期第一批次情况看，符合条件的申报农户共有379户，其中家庭人口三口以下48户，三口的77户，四口的154户，四口以上的100户，四口之家占申报总户数的41%。按四口之家户型面积110平方米，加上贮藏间测算，其购房成本约为40万元，其中政府直补到户资金3.36万元（省补助资金人均8400元，其中5600元直补到人，2800元可用于安置小区、安置点基础设施建设，庆云县将省补资金全部补助给了搬迁农户）。

（二）政府规划，农户自建模式。这种模式主要在乡镇、中心村的安置点上，主要户型占地面积为90平方米，层高三层半，按建筑成本1500元/米^2，加上一定的土地成本测算，其建房成本约为45万元。为了降低搬迁农户的安置成本，丽水市积极引导鼓励群众联建公寓式套房。如龙泉安仁镇安仁小区二期，基本以联建套房为主，土地利用率提高50%，建房成本户均降低3万—5万元。

（三）政府补助，分散安置模式。政府通过给予一定的补助，引导鼓励有条件的农户到城镇购买商品房或二手房，对特困户采取廉租房、政府补贴房租或建设低成本简易房等形式给予安置。当前丽水市各县（市、区）主要按家庭人口、搬迁区域（如是否为水源地保护区）、安置方式等不同类型进行差异化补助。如庆元县对自行选择分散安置的对象，给予人均5000至30000元的差别补助，其中：地质灾害避让搬迁农户，在拆除旧房后，在县内购买合法房产的每人补助30000元，在县外购买合法房产的每人补助10000元；非地质灾害搬迁对象，在县内购建合法房产的每人补助7000元，在县外购建合法房产的每人补助5000元，在申请补助年度内规定时间内拆除旧房的每人再奖励3000元。

此外，围绕打造幸福宜居社区模式及袁家军省长对“未来社区”的构想，丽水启动幸福宜居社区创建工作，目前正在做前期谋划和顶层设计工作。

第二节　丽水的经验

丽水自确立“生态立市”的发展方针后，经过几个发展阶段，在持之以恒的不断探索中，不断升华理念，适时推出绿色发展升级版，不仅实践硕果累累，而且由实践中总结出来的经验也愈加丰富，其发展思路背后的理论支撑渐成体系，使丽水的经验更加具备可参考、可复制、可推广的价值。

一、规划引领，布局优先

以科学规划为先导，严守生态红线，按照生态环保功能不同定位，坚持把生态理念融入到空间布局、基础设施、产业发展、环境保护等各专项规划，强化差异化管理模式，建立生态环境的“新标杆”。

（一）推进以一体化规划为前提的前瞻布局。丽水的决策者们认识到，推进绿色发展升级版，必须加强宏观指导，推进产业融合规划、空间优化规划和交通服务设施一体化规划。在研究编制旅游综合体发展专项规划时，丽水按照区域内城乡实际与差异化特色，合理布局。同时，努力构建城乡一体化的资金、人才、技术和产权交易市场，构建一体化交通网，积极推进医疗、养老等社会保障服务一体化，统一生态环境规划、标准、检测、执法、评估和协调体系。按照"全域旅游化、农旅一体化"的发展思路，丽水最近出台《丽水市推进农旅大融合促进乡村旅游转型升级发展三年行动计划（2017—2019年）》，进一步推动农旅深度融合，加快建设主客共享的江南山村旅居目的地和农旅大融合示范区。

（二）推进以村镇为支撑的多元增长极。培育构建新增长带和增长极是农旅融合的重要抓手，是产业融合发展的空间支撑。丽水通过制订农旅融合发展规划，发展一批生态多样化的特色旅游村镇，以此作为推进农旅融合的样板。各地从自身独特地理与人文景观，以及生态与文化多样性等特点出发，提升村镇文化和多样性价值，通过合理规划，统筹推进古村古镇、旅游小镇、美丽乡村等建设，让城乡处处都是风景。在推进融合发展的过程中，各地注重依靠创新驱动特别是旅游商业模式与管理模式上的创新，以促进创新资源合理配置、开放共享、高效利用为主线，加快构建协同创新体系，探索优势密集地区集中优化开发的新模式。在村镇建设中，注意保留文明遗存、社会文化传统与地理风貌，从生态学角度论证规划资源与环境可承载力，处理好发展与传承、可持续之间的关系。基于生态自然环境与历史景观相契合理念的旅游城镇建设，确保实现尊重环境而又能充分利用环境创造文化凝聚的结果。

（三）推进以全域旅游为统领的行动计划。全域旅游是把旅游发展从原来孤立的点向全社会、多领域、综合性方向转变，实现资源有机整合、产业融合发展、社会共建共享，以旅游业带动和促进经济社会协调发展的发展新理念、新模式。发展全域旅游不是简单的空间扩大，而是发展理念的创新、发展模式的变革、发展路径的转变。这不仅是指旅游要由点到面、由小到大，更大的格局是，旅游要与各行各业融合，旅游要上升到经济发展战略的层面，从部门推动走向党委和政府统筹、全社会参与，从而把全域旅游的理念贯穿于城乡规划建设、项目开发建设的全过程。丽水将旅游作为“多规合一”的重要引领，逐步将全域旅游理念融入产业发展、城乡建设、文化传承、生态保护等规划领域，在城乡建设中充分考虑旅游发展需求，注意保存文脉、留住乡愁记忆，注重传承地域特色、构筑形象标识，推进基础设施景观化等，取得较好的效果。

（四）推进以旅游综合体为依托的产城融合建设。推进农旅融合要充分考虑到空间的有效集聚，产业布局上必须结合城乡建设，依托旅游集散中心、服务中心等优化空间结构。丽水市在有条件的乡镇，科学引导旅游综合体项目的建设发展。旅游综合体作为新业态，有机融合旅游、文化、体育、商务、社区等功能，有利于形成旅游产业聚集区。在旅游综合体规划建设中，注意面向市场需求，找准主题定位，以创造差异化的吸引力与感召力为指向，系统规划，整合资源，凸显比较优势，形成独特主题。在规划初期则注意核心主题定位及功能定位，明确综合体的各级客源市场及品牌形象，结合当地文化，主动融入当地特色。政府部门着力加强制定旅游综合体服务质量标准和安全监管标准，以提高综合体服务水平、经营能力和综合效益。

（五）推进以智慧旅游为主线的旅游生态圈建设。大众旅游和全域旅游的技术实现方式必然是智慧旅游，即在旅游消费、规划设计、开发建设、生产经营、组织管理等各个方面、各个层面、各个环节广泛应用信息化技术手段，让旅游业全面融入互联网时代。在规划与建设中，丽水意识到发展智慧旅游项目、产品、企业、行业组织和智慧景区、智慧旅游城市、智慧旅游目的地以及智能酒店和客房、智能餐馆和餐桌、智能导游等的重要性，各地涌现出新媒体旅游推广营销、网上查询和预订销售、网络支付结算、网络旅游教育培训、旅游电子政务等许多新平台、新载体。全域旅游数据中心及智慧旅游综合服务平台也在积极建设中，“一机游丽水”智慧旅游综合服务平台已上线运行，初步实现丽水旅游资源展示、体验、购买等全域化智慧旅游服务的覆盖。

二、多元主体，合力共建

（一）尊重农民主体的创造与探索。改革开放以来浙江省的发展历史与经验表明，农民是最富有首创精神的一个群体。同样，农旅融合发展也要紧紧依托农民的主体创造性，并通过持续推进农村改革和制度创新，不断激发农村发展活力。在丽水，香菇、玩具、高山蔬菜等诸多产业的发展过程中，丽水农民作为创业主体、经营主体、产权主体，显示出非常高的积极性和创造性，具有很强的市场适应能力。丽水通过深化转变政府职能，以“最多跑一次”改革为契机，在推进农旅融合中积极支持、保护农民自我创造力，同时以知识培训、政策激励和资金扶持等为手段，鼓励农民大胆探索和实践，促使农旅融合这一新生事物不断深入发展。

（二）鼓励各行业主体跨界融合。丽水积极鼓励各行业融合旅游概念与产业链、价值链拓展发展，不仅推动种养加（种植业、养殖业、农产品加工业）一体、种加游（种植业、加工业、旅游业）融合，促进农产品精初加工和农村服务业发展，还努力推进以品牌为支撑、以市场为引领的高端产业链和价值链建设，开发三次产业各项附加值，提高各行业综合效益。大力发展现代农业和现代旅游业，把一次产业的农业生产方式及农产品初加工与二次产业的技术开发加工、三次产业的体验休闲娱乐销售等综合服务业相融合，通过融合体验、放松享受与健康生态的价值链需求，满足人们亲近自然、调节身心、疗养康健以及完善知识结构的需要。

（三）以信息化手段带动整合提升竞争力。丽水在坚持“绿水青山就是金山银山”的发展战略中，借助互联网、物联网及大数据等信息化手段，重视互联网平台带动力，探索丽水农业生态化、标准化、品牌化、电商化升级版。实践表明，在新经济环境下，大数据是基础，大数据不仅涵盖农业产前、产中、产后各个环节，为农业经营者传播先进的农业科学技术知识、生产管理信息以及农业科技咨询服务，打通农业产业链，提高农业生产管理决策水平，还能优化储藏、冷链物流以及品牌设计、营销服务等软要素资源，深度推进硬要素资源如生态环境等与软体的整合提升。大数据更是推进农旅融合的重要路径，只有大数据才能促进产业融合的快速贯通，分享行业信息资源，快速联动，从而有效增强农旅融合产业抗风险能力，提高行业收益与竞争力。同时，云计算与大数据等技术也有助于推进管理数字化和现代化，为政府支持农旅融合产业发展提供支撑，促进政策有效落地。

三、市场推进，要素聚合

（一）以市场化推进传统要素资源优化布局与整合。丽水在产业整合中，注重去除无效供给，主要以市场化推进产业转型，突出特色发展、集约发展、绿色发展，加快构建绿色低碳循环产业体系，为丽水经济社会发展注入“绿色动力”。在以市场化推进要素资源整合、优化产业布局、吸纳有效供给的过程中，丽水抓住信息化带来的重大机遇，大力加强信息基础设施、物流配送体系和产品标准化品牌化建设，推进农村电子商务发展，促进了农业的提质增效、农民的增收致富。

（二）以市场化推进生态圈建设。丽水在推进生态市场化改革中，淡化地区生产总值增长考核，主要依托地区生态价值、生态财富的持续增长，形成新经济活力。积极探索建立科学规范的、量化可操作的生态价值评估制度，在生态红线划定和生态资源价值评估上勇于探索，努力调动基层维护和创造生态价值的积极性。同时，深化产业准入、退出、生态补偿等领域的改革，并在排污口关闭、生活污水污泥处理、垃圾分类处置、排污权和碳交易机制改革、绿色低碳消费改革等方面实现新的突破。

（三）以市场化推进生态开发管理体制机制创新。丽水通过对不同类型生态功能区的跟踪评价、定量评估和管理网络，建立以市场化为基础的耕地保护制度、水资源管理制度和环境保护制度，探索生态环境保护责任追究和环境损害赔偿等市场惩罚制度；以市场化为手段，协调建立利益分配机制，解决好政府、居民、企业之间利益分配问题，凝聚融合发展合力；完善建立市场化信用机制，对企业进行生态质量评估、信用评定；以市场化评估限制开发区域和有限开发区域为基础，探索新的生态补偿方式，并在有条件的地区，积极开展低丘缓坡综合开发利用试点，进一步创新低丘缓坡开发利用机制。

四、改革推动，多点突破

丽水积极探索“生态＋”系列改革创新模式，按照生态文明建设的各项要求，抓好体制机制的创新、布局，推动生态经济和生态环保形成良性互动循环。

（一）深化农村产权制度改革。近年来，丽水以“确权赋能”为核心，一方面，加快农村集体产权的体制机制创新，主要通过“四权六证”进行农村产权改革，真正实现还权于民，活权赋能，实现农村集体资产活化为资本，实现资源的合理配置。同时，通过农村宅基地确权登记，促进农村宅基地规范有序流转，推进了农村土地制度改革，促进了农民增收和农村发展。另一方面，按照“归属清晰、权能完整、管理科学、流转顺畅、运营高效”的要求，推进村经济合作社股份合作制改革，确保社员对集体资产产权长久化、定量化、股权化享有。这一系列改革举措受到农民的热烈欢迎，激发了农村活力，也为农旅融合发展奠定了重要的产权制度基础。

（二）完善生态质量考核和质量管控机制。丽水根据不同资源稀缺程度、市场供求关系和环境损害成本的评估，改进对领导干部的考核，增强生态考核权重，并作为干部选拔任用和奖惩的重要依据。丽水市委、市政府认为，在重点生态功能区，生态保护是一切经济活动的前提和基础，因此，有关生态保护法律法规的实行、生态质量变化、污染排放强度和公众满意度等反映生态建设的指标，都应纳入地区和领导干部的年度考核，从约束、处罚、激励等不同角度，加强生态监督监管。

在旅游商品方面，丽水实施最严格的农产品质量安全管控机制。制定农产品市场准入标准和条件，加强农产品的质量安全监管和第三方检测，深入推进省级农产品质量安全放心示范市创建，做好农产品生产环节源头把控，深化农产品质量安全可追溯体系建设，大力实施农作物放心工程，切实为农产品转化为旅游地商品提供质量安全保障。

（三）推进产业转型升级创造更大生态财富。丽水积极布局符合重点生态功能区特点和要求的最具生态价值模式的核心产业，包括健康养生养老产业、休闲旅游产业、文化产业、农产品深加工以及农村电商等，形成了新的产业格局。这种产业格局相对于重化工业而言，属于比较典型的“轻产业”，需要围绕当地生态优势、产品特色和文化内涵等，以人才集聚、技术支撑为手段，以现有资源整合融合为主要形式，尽可能以小的投入和开发实现大的生态附加值和生态财富。青田县章旦乡在这方面做出的探索颇有启迪意义。他们积极打造红萝山生态农业园、兰头笋竹两用林、歇马降油茶基地、新旦田鱼鱼种基地、双垟苗木等六大基地，建成占地面积7000余亩（合约4.67平方公里）的栖霞山省级现代农业综合区，其油茶精品园、茶叶精品园、仙草园、蔬菜园全部对外开放，实现了产业的完美转型。

（四）推进绿色发展综合改革创新区建设。浙江省第十四次党代会报告提出建设“大花园”的战略部署，要求丽水培育新引擎，建设“大花园”。根据省委对丽水的新定位新要求，丽水市经过认真调研，从本地实际出发，编制了《浙江（丽水）绿色发展综合改革创新区总体方案》（以下简称《方案》）。《方案》经省政府批复同意后，丽水将创新区建设作为重大的发展任务和重大的民生工程，要求全市上下扛起主责、脚踏实地、统筹兼顾、精准发力，抓住重大发展机遇，做出重大贡献，在绿色发展上取得重大突破，努力将丽水建成全国生态环境保护样板区、山区集聚发展引领区、绿色产业深度融合先导区、健康养生旅游示范区、市域统筹改革试验区，为绿色发展综合改革创新积累经验、提供示范。

《方案》提出了六大主要任务：（1）引领生态标杆，打造秀山丽水大花园。实施最顶格的生态标准，实行最严格的生态管理，探索最科学的生态补偿。（2）凸显江南韵味，打造诗画浙江大花园。建设生态休闲国家公园，建设串珠成链美丽城镇，建设浓郁乡愁美丽乡村，建设洁化美化美丽田园。（3）优化空间布局，打造宜业宜居大花园。优化提升空间集聚平台，加快推进人口转移集聚。（4）打开“两山”通道，打造绿色低碳大花园。加快发展生态绿色农业，加快发展生态优势工业，加快发展生态特色服务业。（5）聚焦重大平台，打造互联互通大花园。构筑综合交通网，构筑绿色能源网，构筑环保设施网，构筑安全水利网，构筑智慧信息网。（6）创新体制机制，打造活力高效大花园。创新资源要素配置机制，健全自然资源产权制度，扎实推进农村综合改革。《方案》强调，要突出农旅融合，推动农产品转化为旅游地商品，重点培育20个农旅融合特色鲜明的现代农业示范区，探索推进莲都国家农业公园建设。依托茶叶、油茶、香榧、食用菌、高山蔬菜、笋竹、中药材等优势特色产业，大力发展果林等经济林木和林下经济。加大农产品精深加工力度，加快创建农村产业融合发展试点示范。大力推进农业科技创新，推进国家级农业高新技术产业开发区创建。建立健全"丽水山耕""丽水香茶"等区域性农产品公用品牌产品标准、认证、标识以及全程追溯监管体系。积极推进"互联网+农业"，建立服务全国的网上菜篮子市场。

创新区的建设，推动了丽水绿色发展再上新台阶。截至2017年年底，丽水通过全域生态治理，生态环境持续领先全省；建成森林公园、地质公园11个，高等级景区30个；农业园区景区化改造取得新进展；生态工业发展五年行动计划得到扎实落实，瓯江生态产业经济带初见雏形；推出绿色园区试点，以特色小镇理念改造提升工业园区；民宿经济、健康养老等特色服务业加快发展，农旅融合发展取得长足进步；以1个中心城市、10个小城市、20个中心镇为主的“112”城镇生产力空间集聚平台正在形成；山水花园城市和瓯江风景带旅游小镇集群名声渐起；铁路、机场、公路、能源、水利、信息等基础设施保障网建设加快推进，基本形成省、市、县、乡镇四级之间“1小时交通圈”；绿色发展体制机制改革创新正在全面推进。

丽水的实践证明：千好万好，绿水青山最好；千难万难，坚持“绿水青山就是金山银山”，就什么都不难。

第九章

定海的实践与经验

近年来，舟山市定海区坚持“一张蓝图绘到底”，高起点、高标准推进生态文明建设，连续实施三轮“811”专项行动，生态环境质量不断提升和改善，成功创建了国家级生态区和国家环保模范城市，2018年又获评“美丽浙江”考核优秀。

在工作机制上，定海全面强化和落实环境保护党政同责、一岗双责，创新实施突出环境问题挂账销号、区领导包案化解和环境保护联动机制，全区上下逐步形成“环境保护一盘棋”的良好局面，顺利完成中央环保督察和国家海洋督察等重大任务。

在生态保护上，定海持续维护“定海好空气”金字招牌，2017年空气质量优良率达90.1%，2018年1—5月达92.5%，始终保持全国领先。全面强化五峙山鸟类自然保护区管护，珍稀鸟类栖息数量持续保持高位。倾心打造以新建社区为龙头的美丽生态村庄典范，美丽乡村“绿”的效应不断释放。

在环境整治上，定海全面打响治水治污大会战，159处劣V类水全部被剿灭，成功创建省“清三河”达标区，捧回浙江省“五水共治”工作优秀市县“大禹鼎”。坚持以严格的环境标准倒逼鱼粉产业转型升级，持续加大化工、造纸等重污染行业整治，圆满完成黄标车淘汰和高污染燃料锅炉淘汰改造，率先在全市实施重点产业区块集中供热。

第一节　定海的实践

定海始终以习近平生态文明思想为指导，坚定不移沿着“八八战略”指引的道路，深入践行“绿水青山就是金山银山”理念，围绕“美丽定海”建设，坚持保护优先、问题导向、改革创新、依法监管，以污染防治攻坚战为突破口，全面实施生态文明示范创建行动计划，全过程防控加快推进绿色发展，全要素治理着力解决突出环境问题，全地域统筹保护修复山水林田湖草生态系统，全方位改革完善生态环境保护治理体系，高标准打好污染防治攻坚战和生态文明持久战，在提升生态环境质量上更进一步、更快一步，高水平建设“美丽定海”。

一、推进高质量发展，推动形成绿色生产方式

促进经济绿色低碳循环发展，全面节约资源能源，推动高质量发展和生态环境高水平保护协同并进。

（一）深入推进产业转型升级。优化产业空间格局，充分发挥生态环境功能定位在产业布局结构和规模中的基础性约束

作用，推行“区域环评＋环境标准”改革。坚持“三去一降一补”，坚决打破拖累转型升级的“坛坛罐罐”，全面开展“散乱污”“低小散”企业清理整治，加快淘汰高耗能重污染行业落后产能。深化“腾笼换鸟”，推动船舶修造、水产加工等传统产业向园区集聚集约发展。深化“亩均论英雄”改革，推进“标准地”供给，高效率推进资源要素市场化配置，推进产业创新升级，开展区域综合评价。

加快构建绿色循环低碳发展的产业体系。推动船舶工业绿色高质量发展，根据全市统一部署，按照绿色修船企业规范标准，把重点企业全部打造成绿色修船示范企业，树立绿色修船品牌。推广绿色修船新装备、新技术。

（二）着力推动绿色产业发展。实施创新驱动发展战略，培育壮大新产业、新业态、新模式等发展新动能。全面推进绿色制造，构建资源高效、能源低碳、过程清洁、废物循环再用的绿色制造体系，运用互联网、人工智能等新技术，推动船舶工业绿色高质量发展，传统产业实施智能化、清洁化改造，推行水产加工绿色产业链、绿色供应链、产品全生命周期管理，以提高水产品供给质量和综合效益为中心，以水产品科技创新和提质增效为动力，着力构建生态环境和谐、基础设施优良、区域生态特色鲜明、科学技术先进的水产加工业发展新格局。大力发展清洁生产和清洁能源产业，加快建设清洁能源示范区。加快发展节能环保产业，大力发展高效生态现代农业，积极发展大旅游、大健康、大文化、大科创等新业态，打造更加完整的生态产业链。

（三）大力发展循环低碳经济。实施新一轮循环经济"991"行动计划，重点在构建循环型产业体系、提高资源循环利用水平、创新体制机制等方面实现突破。完善农业循环经济产业链，推行农业清洁生产。推进生产性服务业、生活性服务业、公共服务循环化发展。大力推行循环型生产方式，推动绿色循环理念融入四大新兴产业。加快低碳试点建设，鼓励企业开发绿色低碳产品。

（四）推进资源能源全面节约。加强全过程节约管理，大幅降低能源、水、土地消耗强度，提高利用效率和效益。全面推进工业、建筑、交通、公共机构等重点领域和重点用能企业的节能管理。落实最严格水资源管理制度，实施水资源消耗总量和强度"双控"行动，实施差别化水价及分类分档和多因子计收工业污水处理费，全面推进节水型社会达标建设，抓好工业节水、农业节水、城镇节水工作。实行最严格的节约集约用地制度，加强土地利用的规划管控、市场调节、标准控制和考核监管，严格土地用途管制。创新“互联网+”再生资源回收利用模式，加快废弃物综合利用。

二、高标准打赢污染防治攻坚战，持续改善环境质量

坚持问题导向、效果导向，以“环境质量改善论英雄”，深入实施蓝天、碧水、净土、清废四大行动，推进全形态、全链条、全区域污染防治，持续推动环境质量改善。

（一）坚决打赢蓝天保卫战。大力调整产业能源结构，推行绿色修船，控制非电煤炭消费总量，淘汰高污染锅炉，推进集中供热，淘汰落后产能，全面整治“低小散”企业；深化工业废气治理，实施挥发性有机废气深度治理，工业锅炉废气提标改造；加强城市扬尘整治，控制施工及道路扬尘，开展无裸土专项整治；推进港口船舶污染防治，加快绿色港口建设，强化船舶排放控制区监管；加强机动车污染防治，严格机动车环保准入，实行高排放车辆市区禁、限行，强化机动车排气污染执法监管，引导绿色出行，大力引进绿色能源汽车；深化重点区域臭气异味治理；加强城乡废气污染控制，禁止秸秆焚烧，创建绿色矿山，严格控制餐饮油烟；开展臭氧研析治理；推进大气监测监控预警体系建设，完善环境空气质量自动监测监控网络建设；开展大气执法专项行动。

（二）深入实施碧水行动。以"品质河道"创建和"污水零直排区"建设为抓手，狠抓源头治水治污，巩固提升"五水共治"剿劣成果。进一步完善环境基础设施，加快推进干览工业区块污水处理提升改造。积极开展工业集聚区块和城镇生活小区等的截污纳管工作，做到污水"应截尽截、应处尽处"。全面推进"品质河道""美丽河湖"建设，打造"清澈见底、水岸同治"的优美河道。打好水源地保护攻坚战，整治饮用水水源保护区内的违法问题，加强饮用水水源规范化建设，强化饮用水水源保护区环境应急管理。打好近岸海域污染防治攻坚战，强化直排海污染源监管，全面完成入海排污口规范化整治提升工作，实施重点入海排污口总氮、总磷控制。加强港口和船舶污染防治，控制海岸和海上作业污染风险。加快美丽乡村建设，完善农村生活污水治理设施建设，实施规范化、标准化运维，调整化肥、农药、养殖等农业投入结构，协同推进垃圾分类、厕所革命。

（三）全面推进净土行动。以化工、印染、电镀、造纸、油品储运、船舶修造等行业为重点，全面摸清土壤环境状况，完成土壤污染状况详查，基本建成覆盖全区耕地的环境监测网络，提升土壤环境管理信息化水平。强化土壤污染源头管控，严格落实污染土壤风险管控措施，推动"涉重"企业向专业化、园区化方向发展。落实重点行业企业原址地块调查评估，推进污染地块安全利用和治理修复，严格落实污染地块名录动态更新和开发监督管理相关制度。组织实施污染地块治理修复，按要求实施农用地土壤超标点位“对账销号”行动。

（四）大力推进清废行动。加强城乡生活垃圾分类处理，大力推进生活垃圾减量化、资源化、无害化处理，逐步实现城乡生活垃圾无填埋和分类基本全覆盖。以能力匹配为目标，不断加强危险废物、一般工业固体废物、生活垃圾、农业废弃物等处置设施的规划建设。以陆海统筹为重点，完善固体废物监管机制，构建各部门齐抓共管的“大固废”工作格局，综合运用互联网、大数据技术，构建可监控、可预警、可追溯、可共享、可评估的信息化管理平台，形成全过程闭环式监管网络体系，特别是强化对分散危废产生源头的规范化登记、收集体系建设。加强环境巡查，实行固废违法有奖举报，严厉打击固体废物非法转移、倾倒、处置等行为，严禁违法倾倒固废等垃圾。

三、加强生态保护与风险防控，促进人与自然和谐共生

划定并严守生态保护红线，统筹山水林田湖草系统保护修

复，强化环境风险防控，促进人与自然和谐共生。

（一）强化生态环境空间管控。划定并严守生态保护红线，实现"一条红线"管控重要生态空间，确保生态功能不降低、面积不减少、性质不改变。根据部、省制定的生态保护红线管理办法、管控措施、正面清单和激励约束政策，构建区域生态安全的底线，保障生态系统功能。强化"生态保护红线、环境质量底线、资源利用上线和环境准入负面清单"约束，实行差别化的区域管理政策和负面清单管理，严格重大建设项目的环境准入。

（二）系统推进生态保护修复。统筹山水林田湖草系统治理，实施重要生态系统保护和修复重大工程。结合"一带一路"建设和长江经济带"共抓大保护、不搞大开发"，打好长江保护修复攻坚战。进一步推进自然保护区规范化建设和科学管理，全面查处违法违规侵占生态用地、破坏自然遗迹等行为。实施水生态保护与修复工程，持续开展河湖库塘清淤，建立清淤轮疏长效机制。强化生物多样性保护，开展生物多样性区域优先保护工作，完成全区主要生物物种资源调查、编目及数据库建设。持续推进绿化造林工程，深入开展平原绿化和森林扩面提质，加快建成森林定海。加大自然岸线保护力度，按照全市统一部署，实施海岸线整治修复三年行动，严格围填海管理和监督。

（三）切实加强环境风险防范。加强环境风险常态化管理，系统构建全过程、多层级生态环境风险防范体系。强化区域开发和项目建设的环境风险评价，加强环境安全隐患排查和整治，着力化解涉环保项目“邻避”问题。加强环境风险监控预警应急体系建设，建立健全重污染天气、饮用水水源监测预警预报和应急响应体系，切实提升应对突发环境事件的风险防控和处置能力。加强对重金属、化学品、危险废物、持久性有机污染物、油品储运等相关行业的全过程环境风险监管，强化企事业单位环境风险监督管理。切实提升辐射安全监管水平。

四、加大改革力度，构建现代生态环境保护治理体系

以实现治理体系和治理能力现代化为目标，着力健全生态环境保护体制机制，提升生态环境保护综合能力。

（一）深化生态环境管理体制改革。建立健全环境执法、环境监测垂直管理体制，研究成立定海区生态文明建设委员会，统筹协调全区生态文明建设工作，建立完善生态文明建设决策、指导、监督机制。坚持和深化河长制，实施湖（库）长制，推进湾（滩）长制试点。

（二）建立完善生态环境保护制度体系建设。全面推行生

态环境状况报告制度，在2020年前，各级政府向同级人大报告环境状况报告制度做到全覆盖。建立完善领导干部自然资源资产离任审计、生态环境损害赔偿制度，突出加强危险废物管理。加强监督考核机制，强化生态环境损害责任追究。建立生态文明建设与环境保护责任清单，依据相关法律法规，按照"管行业必须管环保，管生产必须管环保"原则，明晰各级政府、职能部门生态环境保护职责，建立责任清单，确保履职到位。健全环境行政执法与公检法司法联动机制，以智慧环保为平台，成立环保与公检法联合指挥中心，推进执法一体化，严厉打击各类环境犯罪行为。按照 "最多跑一次"改革要求，全面实施"区域环评+环境标准"改革，加快推行环评审批制度改革，建立以亩产排污强度为基础的环境准入制度。

（三）推进生态环境保护经济政策。建立健全环境保护奖惩机制、绿色发展财政奖补机制。推进绿色金融政策，开展环境污染责任保险，创新金融产品和服务模式。加强环境资源市场化配置，深化水权、林权、排污权、用能权、碳排放权等配置方式改革，健全全面反映资源稀缺程度、生态环境治理修复成本的资源环境价格形成机制。推进落实环境保护税征收，加快制定配套征管制度。按照省市统一要求开展以单位生产总值能耗为基础的用能权交易制度，开展排污权交易市场体系，试点开展VOCs排污权交易。

（四）加强生态环境保护能力建设。建设规范化、标准化和专业化的生态环境保护队伍，按工作职责配备不同层级相应工作力量，加强人财物保障，确保与生态环境保护任务相协调。强化生态环境监测能力建设，推动空气质量自动监测向镇街覆盖，推进清新空气（负氧离子）监测网络体系建设，健全和扩展水环境监测网络、海洋环境监测网络和辐射环境监测网络，建立土壤环境监测网络。探索建立生态安全监测预警体系，建立健全环境承载力监测预警机制。建立环境应急物资储备库，强化政府、企业环境应急装备和储备物资建设。加快“智慧环保”建设。强化科技支撑能力建设，加大环境治理成果转化与应用。大力推行环境污染第三方治理和污染源在线监测第三方运营，推广政府和社会资本合作治理模式。

五、弘扬生态文化，健全生态环境保护社会行动体系

积极培育生态文化，激发社会各界和公众参与、监督生态环境保护的积极性和主动性，构建全民参与生态环境保护的社会行动体系。

（一）建立健全生态文化体系。深入挖掘海洋传统文化中的生态理念和生态思想，培育海岛特色生态文化。定海区委宣传部每年牵头开展一次生态文化教育普及活动，积极打造海洋海岛文化精品，培育和激发全体公民建设美丽定海的主体意识，不断提升公民人文素养；积极开展生态文化重大理论和应用研究，繁荣生态文明主题文艺创作；大力支持、积极推进美丽定海建设、治水治污大会战、全区重大生态环保行动的主流媒体宣传工作。区环境局、区教育局、区文明办、区妇联、区经信和科技局、区民政局等单位合力构建包括学校、社区、家庭、企业和环保社会公益组织等在内的生态文明教育体系。健全生态环境信息公开机制，构建生态环境保护新媒体传播矩阵，完善绿色传播网络。

（二）推动形成社会行动体系。增强公民法治观念和科学人文素养，提高全社会节约资源、保护环境的自觉意识，大力倡导绿色低碳的生活方式、消费模式和行为习惯。广泛开展绿色生活行动，引导公众改变生活习惯，开展垃圾分类，推广餐饮"光盘"行动，优先选用环保节能产品，鼓励以公共交通、自行车、步行等方式绿色出行。全面推广政府绿色采购，建立健全绿色供应链。强化信息公开，健全舆情应对机制。推动环保社会组织和志愿者队伍健康发展，进一步强化全民责任意识、法治意识和企业社会责任意识，形成政府、企业、公众互动的社会行动体系。

（三）广泛开展示范引领。广泛开展生态文明建设示范区、美丽乡村和生态文明教育示范基地建设，积极推进“绿色细胞”创建，深化卫生城市、园林城市、文明城市、森林城市创建。加强生态示范创建动态管理，形成生态创建的长效机制和品牌效应。大力推进海洋经济转型升级先导区、全面开放合作先行区、美丽海岛示范区建设，积极打造“美丽中国”海岛样板。

第二节　定海的经验

面对新形势新问题新要求，高标准打好污染防治攻坚战，高水平建设美丽定海，必须深刻领会习近平总书记“生态文明建设正处于压力叠加、负重前行的关键期，已进入提供更多优质生态产品以满足人民日益增长的优美生态环境需要的攻坚期，也到了有条件有能力解决生态环境突出问题的窗口期”[1]的重大战略判断，积极回应人民群众日益增长的优美生态环境需要，从践行党的使命宗旨、为人民谋福祉的高度，切实增强紧迫感和使命感，

[1]　顾仲阳：《习近平在全国生态环境保护大会上强调：坚决打好污染防治攻坚战，推动生态文明建设迈上新台阶》，《人民日报》2018年5月20日第1版。

牢牢扛起生态文明建设的时代责任，把良好生态环境作为人民生活质量的增长点、经济社会持续健康发展的支撑点、展现定海良好形象的发力点，高标准打好污染防治攻坚战，高质量推进生态文明建设，奋力开辟美丽定海建设新境界。

加快构建以改善生态环境质量为核心的目标责任体系，实行党政同责、一岗双责和失职追责，压实各方责任，构建多方合力攻坚的生态环境保护大格局。

一、落实党政主体责任

以改善生态环境质量为核心，严格实施环境质量状况通报制度和环境质量目标责任制。各级党委、政府要紧紧围绕环境质量改善目标，认真制定落实对策措施，统筹安排规划布局、产业结构调整、落后产能淘汰、区域环境治理、环境基础设施建设完善、重大环境风险防范等，层层压实责任。适应督查常态化趋势，建立由党政主要领导担任组长的协调工作机构，细化生态环保责任体系，严格实行党政同责、一岗双责和失职追责，构建多方合力攻坚的生态环境保护大格局。

（一）进一步明确各级领导生态环保责任。明确各级党委和政府主要领导是本行政区域生态环境保护第一责任人，对本行政区域的生态环境保护工作和生态环境质量负总责，要做到重要工作亲自部署、重大问题亲自过问、重要环节亲自协调、重要案件亲自督办。党委和政府分管生态环境保护工作的领导班子成员对生态环境保护工作负直接领导责任；其他相关负责人对分管工作范围内的生态环境保护工作负直接责任。党委要把生态环境保护摆在突出位置，总揽全局、协调各方、督促落实。政府要强化责任、统筹推进、抓好落实。党委和政府至少每季度研究一次生态环境保护工作。

（二）强化各部门生态环境保护责任。健全完善“管发展必须管环保、管生产必须管环保、管行业必须管环保”的生态环境保护工作责任体系，严格依据法律法规以及全区生态文明示范区创建、美丽定海建设、治水治污大会战等相关规划、方案，落实各部门生态环境保护责任，确保各部门守土有责、守土尽责，分工协作、共同发力。各部门要制定本部门的生态环境保护年度工作计划、任务清单、措施清单、责任清单，并向社会公开，落实情况每年向区委、区政府报告。

（三）健全生态环境保护综合协调机制。区委、区政府成立生态环境保护委员会，建立健全生态环境保护议事协调机制，研究解决生态环境保护重大问题，强化综合决策，形成工作合力。建立健全部门协作机制，加强环境监管和综合执法，推进环境污染联防联控。

二、强化监察执法机制

（一）健全环境保护督察整改机制。强化中央环境保护督察区整改协调小组的问题督办机制，加强与市整改协调小组衔接联动，以督察整改为契机，加快解决突出环境问题，建立健全长效治理机制。

（二）探索建立区级环境监察机制。促进地方党委政府环境管理和企业环境治理主体责任落实，加快补齐环境短板，促进区域环境质量改善。

（三）打造环境执法最严区，健全环境监管体系。整合各部门相关污染防治和生态保护执法队伍，统一实行生态环境保护执法。健全环境保护管理体制，落实政府及相关部门的监管责任，增强环境监测监察执法的独立性、统一性、权威性和有效性。加强基层环保工作站建设，完善环境协管员队伍，提高基层环保执法监管能力。结合基层治理体系相关平台建设，推进环境网格化监管工作，压实网格化监管责任，确保生态环境监管责任落实。

三、强化考核问责

（一）优化考核评价机制。建立健全对地方党委政府及相关部门的环境质量、生态红线保护、污染防治攻坚战、生态文明建设成效考核机制，重点对区域生态环境质量状况、年度生态环保工作目标任务完成情况、公众满意度等内容进行考核。将考核结果作为领导班子和领导干部综合考核评价的重要依据，对不合格者在评优评先、选拔使用等方面予以一票否决。年度目标任务未完成、考核不合格的单位，其主要负责人和相关领导班子成员不得评优评先，不得提拔、转任重要岗位。

（二）严格责任追究。根据党政领导干部生态环境损害责任终身追究制办法进行责任追究。对违背科学发展要求、造成生态环境和资源严重破坏的，责任人不论是否已调离、轮岗、提拔或者退休，都必须严格追责、终身追责。对地方党委政府及负有生态环境和资源保护监管职责的部门贯彻落实党中央、国务院、省委、省政府、市委、市政府和区委、区政府决策部署不坚决不彻底、生态文明建设和生态环境保护责任制执行不到位、污染防治攻坚任务完成严重滞后、区域生态环境问题突出的，约谈主要负责人，同时责成其向区委、区政府作出深刻检查。区纪委、区监委要按照《浙江省党政领导干部生态环境损害责任追究实施细则（试行）》的规定，依纪依法严格问责。

到2020年，高标准打赢污染防治攻坚战；加快补齐生态环境短板，确保生态环境保护水平与高水平全面小康社会目标相适应，力争达到国家级生态文明建设示范区创建指标要求。着力打造海洋经济转型升级先导区、全面开放合作先行区、美丽海岛示范区。到2022年，实现空气质量保持稳定，其他生态环境质量指标提升明显，生态文明建设政策制度体系进一步完善。全区各类环境功能区质量全面提升，饮用水水源安全得到保障，常规和特征污染物排放得到有效控制，百姓关注的重点环境问题有效解决，各类环境保护基础设施进一步完善，环境监测监察和环境风险防控能力明显提高。到2035年，全区生态环境面貌实现根本性改观，空气质量继续保持领先，其他生态环境质量如水海洋、土地、矿藏、森林等大幅提升，蓝天白云绿水青山成为常态，基本满足人民对优美生态环境的需要，"美丽定海"建设目标全面实现。到21世纪中叶，定海绿色发展方式和生活方式全面形成，人与自然和谐共生，人民享有更加幸福安康的生活，在我国社会主义现代化强国的新征程中继续走在前列、勇立潮头。

余　论

2013年4月2日，习近平总书记在北京参加义务植树活动时强调："要加强宣传教育、创新活动形式，引导广大人民群众积极参加义务植树，不断提高义务植树尽责率，依法严格保护森林，增强义务植树效果，把义务植树深入持久开展下去，为全面建成小康社会、实现中华民族伟大复兴的中国梦不断创造更好的生态条件……全社会都要按照党的十八大提出的建设'美丽中国'的要求，切实增强生态意识，切实加强生态环境保护，把我国建设成为生态环境良好的国家。"[1]"美丽中国"建设不是一句简单的口号，而是实实在在的行动。只有全民行动，全面共建，才能实现全民共享。建设"美丽中国"是实现全民美丽生态梦的必然要求，生态环境保护和"美丽中国"建设是功在当代、利在千秋的事业，它不仅关系民生期待，更关系人民福祉、关乎民族

[1] 霍小光、杨维汉：《把义务植树深入持久开展下去，为建设美丽中国创造更好生态条件》，《人民日报》2013年4月3日第1版。

未来。只有让天更蓝、水更绿、山更青，我们的发展才是有意义的。只有践行“绿水青山就是金山银山”的理念，我们的生态文明建设才是更高质量的生态文明建设。

“美丽中国”建设既要依靠中国共产党的坚强领导，也要依靠科学、法制、制度的保障，还需要转变经济增长方式、推动形成绿色发展方式和生活方式，并且需要广大人民群众从我做起、从身边事做起。“美丽中国”和生态文明建设是一项系统工程、长期工程、科学工程，必须一代接着一代干才有成果，必须一点一滴做才有改变。只要在中国共产党的坚强领导和全国中华儿女的共同努力下，“美丽中国”的生态梦就一定能够实现。“美丽中国”建设奏响了新时代中国生态文明建设的新乐章，开启了中国特色社会主义建设事业的新维度，推动了全球生态文明建设的新步伐，彰显了人类生态文明建设的新成就。

党的十八大以来，“美丽中国”建设理念日益深入人心，生态环境保护的体制机制进一步健全，资源节约型与环境友好型社会的建设成效显著，人居环境明显改善。

党的十九大以来，以习近平同志为核心的党中央从战略高度进一步为“美丽中国”和生态文明建设提供了科学指导和实践遵循，从推进绿色发展、着力解决突出环境问题、加大生态系统保护力度、改革生态环境监管体制等方面为“美丽中国”建设保驾护航，将推动生态文明建设和“美丽中国”建设作为民生最大福祉，将肩负起建设生态中国、“美丽中国”作为我们这一代人应有的职责，展现战略定力，彰显时代担当和智慧，也树立了全民全面参与共建“美丽中国”的坚定决心。从“两山”理念到“最严垃圾分类”，从“美丽中国”到“浙江样板”，新时代的中国正以无比坚定的信念和无比坚定的步伐，沿着中国特色社会主义道路奋勇前进，奋力开创生态文明治理中国样板。党的十九大报告指出，从2020年到2035年在全面建成小康社会的基础上再奋斗15年，实现“生态环境根本好转，美丽中国目标基本实现”，这是“美丽中国”建设的时间表。而从2035年到本世纪中叶，在基本实现现代化的基础上，再奋斗15年，把我国建设成为富强、民主、文明、和谐、美丽的社会主义现代化强国，这才是“美丽中国”建设的“世纪梦想”。这一梦想和“两个一百年”奋斗目标以及实现中华民族伟大复兴的中国梦密不可分，与广大人民对幸福安康生活的希望密不可分，而所有这些美好目标都需要一代代中国人承担起应有的责任、迈出坚定的步伐才能最终实现。

参考文献

[1]习近平.决胜全面建成小康社会,夺取新时代中国特色社会主义伟大胜利[N].人民日报,2017-10-28.

[2]习近平.习近平谈治国理政:第一卷[M].北京:外文出版社,2014.第二卷[M].北京:外文出版社,2017.

[3]习近平.干在实处,走在前列:推进浙江新发展的思考与实践[M].北京:中共中央党校出版社,2006.

[4]习近平.之江新语[M].杭州:浙江人民出版社,2007.

[5]胡锦涛.坚定不移沿着中国特色社会主义道路前进,为全面建成小康社会而奋斗[N].人民日报,2012-11-18.

[6]中共浙江省委关于建设美丽浙江创造美好生活的决定[R/OL].(2014-05-29)[2019-11-01].http://zjnews.zjol.com.cn/system/2014/05/29/020051621.shtml.

[7]车俊.保持战略定力,强化使命担当,奋力开辟美丽浙江建设新境界[EB/OL].(2019-05-13)[2019-11-01].http://zjnews.zjol.com.cn/gaocheng_developments/cj/newest/201905/t20190513_10112203.shtml.

[8]中共中央马克思恩格斯列宁斯大林著作编译局.马克思恩格斯文集[M].北京:人民出版社,2009.

[9]董强.马克思主义生态观研究[M].北京:人民出版社,2015.

[10]李军等.走向生态文明新时代的科学指南:学习习近平同志生态文明建设重要论述[M].北京:中国人民大学出版社,2015.

[11]崔浩.跨行政区域协作共建"美丽中国"的浙江样本[M].杭州:浙江大学出版社,2019.

[12]全国干部培训教材编审指导委员会.推进生态文明,建设美丽中国[M].北京:人民出版社,党建读物出版社,2019.

[13]陶良虎,刘光远,肖卫康.美丽中国:生态文明建设的理论与实践[M].北京:人民出版社,2014.

[14]潘家华.中国梦与浙江实践:生态卷[M].北京:社会科学文献出版社,2015.

[15]薛建明,仇桂且.生态文明与中国现代化转型研究[M].北京:光明日报出版社,2014.

[16]洪大用,马国栋,等.生态现代化与文明转型[M].北京:中国人民大学出版社,2014.

[17]沈满洪.绿色浙江:生态省建设创新之路[M].杭州:浙江人民出版社,2006.

[18]吴平.共建美丽中国:新时代生态文明理念、政策与实践[M].北京:商务印书馆,2018.

[19]赵成,于萍.马克思主义生态文明建设研究[M].北京:中国社会科学出版社,2016.

[20]浙江省社会科学院课题组.践行"八八战略",建设"六个浙江"[M].北京:社会科学文献出版社,2018.

[21]浙江省生态环境厅.2018年浙江省生态环境状况公报[R/OL].(2019-06-05)[2019-11-01].http://www.zjepb.gov.cn/art/2019/6/5/art_1201912_34490851.html.